# SIMPLE·OLOGY

# 简单学

在最短的时间内，
以最小的付出获得你想要的

〔美〕马克·乔伊纳（Mark Joyner）著　乔晓芳 译

Simple·ology：The Simple Science of Getting What You Want by Mark Joyner
Copyright © 2007 by Mark Joyner Inc.
This edition is published by John Wiley & Sons, Inc., Hoboken, New Jersey.
Simplified Chinese edition Copyright © 2010 by Grand China Publishing House
This translation published under license.
All rights reserved.
No part of this book may be used or reproduced in any manner whatever without written permission except in the case of brief quotations embodied in critical articles or reviews.
版贸核渝字（2009）第19号

图书在版编目（CIP）数据

简单学/〔美〕马克·乔伊纳著；乔晓芳译. —重庆：重庆出版社，2010.1
书名原文：Simple·ology：The Simple Science of Getting What You Want
ISBN 978-7-229-01776-7

I. 简… II. ①乔…②乔… III. ①成功心理学－通俗读物 IV. ①B848.4-49
中国版本图书馆CIP数据核字（2009）第243092号

## 简单学
JIANDANXUE

〔美〕马克·乔伊纳 著
乔晓芳 译

出 版 人：罗小卫
策　　划：中资海派·重庆出版集团图书发行有限公司
执行策划：黄　河　桂　林
责任编辑：罗玉平
版式设计：洪　菲
封面设计：陈文凯　黄充擎

重庆出版集团
重庆出版社 出版
（重庆长江二路205号）

深圳市美嘉美印刷有限公司制版　印刷
重庆出版集团图书发行有限公司　　发行
邮购电话：023-68809452
E-MAIL：fxchu@cqph.com
全国新华书店经销

开本：787×1092mm　1/16　印张：11.5　字数：155千
2010年2月第1版　2010年2月第1次印刷
ISBN 978-7-229-01776-7
定价：26.80元

如有印装质量问题，请向本集团图书发行有限公司调换：023-68706683

本书中文简体字版通过Grand China Publishing House（中资出版社）授权重庆出版社在中国大陆地区出版并独家发行。未经出版者书面许可，本书的任何部分不得以任何方式抄袭、节录或翻印。

版权所有，侵权必究

# Simple · ology

### The Simple Science of Getting What You Want

**MARK JOYNER**

## To Chinese Readers

*Given that the meaning of words can be changed from one language to another, I'm wondering what message you will hear when reading this book...*

*I'm hoping that these words will make the intent of the book very clear:*

*1. You can do, be, or have almost anything you want.*

*2. Often it is our mind minds that prevent us from attaining those things.*

*3. This book offers some keys that will unlock the parts of your mind that often prevent us from attaining those things.*

*This is a simple message, but this is Simpleology after all. If there is any one simple message any of us needs to hear shouldn't it be one that shows us how to reach our full potential?*

*I think so. And from my language to yours - I hope another message comes across as well: we are not all that different, you and me. Let's remember that when it matters.*

*Yours sincerely,*
*Mark Joyner*

## 致中国读者

亲爱的中国读者：

同一本书，通过不同的语言表达出的意思是不尽相同的，我很好奇你在这本书的简体中文版里读到的是什么信息……希望以下3点可以帮你更了解这本书的意义：

1. 你可以做一切你想做的事情，可以得到一切你想要的东西，可以成为一切你想成为的人；
2. 阻碍我们获得成功的往往是我们内心的隐形墙；
3. 这本书教你5个破除阻碍我们成功的隐形墙的法则。

尽管这只是一些简单的信息，但这就是"简单学"。如果我们要了解获得成功的简单因素，那最简单最直接的就是，我们该如何发挥自身的最大潜能。

另外，我希望你记住，无论面对什么阻碍，你和我——我们都是一样的人。

最真挚的祝福！

马克·乔伊纳

## 权威推荐

马克是一个天才，上一秒他还在谈论网络营销，这一秒他又开始讲成功的简单学，他的智慧和创造力在这两方面发挥了到极致，为他人的生活和工作提供了深刻而实用的指导。

——乔·瓦伊塔尔
国际畅销书《引爆吸引力》作者

马克·乔伊纳简直是一部活百科全书，他注重现实，又不乏创造力，他提出了很多有建设性和实际意义的理论。

——约翰·阿萨拉夫
《纽约时报》畅销书《全权把握》作者

马克·乔伊纳是一个了不起的人物，他的《简单学》使我获益良多，不仅使我将事业打理得井井有条，也使我的生活变得轻松自在，最重要的是，工作和生活都变得很简单。

——克莱斯·杰克逊
《发动生命的机器》作者

马克身上有种异于常人的能量，他的理念正在改变世界。

——安德鲁·福克斯
美国区域营销有限公司首席执行官

马克·乔伊纳的伟大之处在于，他能在营销和个人发展的领域都取得卓越的成就，他的《简单学》可以说是为个人发展提出了革命性的见解。

——兰迪·盖奇
《装着财富的头脑》作者

马克注重从细节处发现事物的本质，这不仅体现了他细腻的思维方式，也毫无疑问地使他成为一位真正的强者。

——托尼·马里诺博士
美国网页设计有限公司首席执行官

马克有一种超能力，他能够穿越重重屏障，直击事情的最核心部分。

——尼克·坦普尔
企业家个人成长网站 nicktemple.com 首席执行官

马克·乔伊纳是一个卓越的人才，他在营销和个人成长两个领域都有不凡的建树，他现在正积极投身到社会发展的事业中，为人类服务。

——罗杰·黑斯克
《超人类》作者
个人提高网站 superbeing.com 首席执行官

读者推荐

## 为你的大脑操作系统升级

如果你还没有在马克的"简单学"网站上登记过学习课程，那么现在做也不晚。我认为，它是目前世界上最好的时间管理软件，其中的 WebCockpit 软件是你绝对不能错过的，每天只要 15 分钟，你的生活就会发生变化。

如果你觉得这本书只是"简单学"网站的大篇幅广告，那你就错了。无论你在阅读这本书时是否配合着网站学习，你都会发现它是一本具有独特魅力和价值的书。

马克对心理学的研究很透彻，他能用风趣的语言教你打破阻碍你成功的"隐形墙"。通过他的网站能对"简单学"进行很好的实践，而这本书则更深层地探索了"简单学"的主题，更详细地介绍了简单圆梦的步骤。

"隐形墙"的最有力的表现形式是语言障碍。你是否曾经意识到，你周围的人都在通过他们的语言影响着你。马克教你如何读懂他人真实的语言本意，你将不再陷入困扰着千千万万人的精神囹圄。

这些珍贵的信息就是你成功的基础，实现梦想的第一步就是，抛开别人强加在你身上的信仰系统，建立你自己的信仰系统。

马克擅长用平实幽默的语言把看似复杂的问题简单化，并阐释人与人之间是如何互动的，教你如何从语言的"隐形墙"中解放出来。

另外，马克详细地介绍了升级你的信仰系统的方法，使你更精准地直击自己的目标。很多人终其一生都在满足别人对他们的期待，因为他们对自己没有更合适的定位。如果你也有类似的情况，如果你也想改变，马克会教你如何重新建立属于你自己的大脑操作系统，并重新启动。

最重要的是，马克通过自己的研究，开发了一套基于他的科学研究的理论，创造了最独特和实用的理论。期待简单成功的你，不应该错过这本书！

塔拉·约翰逊

## 卷首语

我们应该承认：单纯的书本学习跟不上时代了。

我喜欢手执书卷，也喜欢欣赏它们整齐地摆在书架上的样子。但是，如果我真正要掌握一些什么，我就必须仔细钻研该如何将书中的奥妙加以实践。

阅读是一回事，理解又是另一回事，而要正确地应用更是完全不同的另一码事了。

如果你只是为了在晚宴上炫耀自己的广闻博学，阅读止于理解即可。

但是，如果你想通过努力收获成功——比如赚取足够你一辈子养尊处优的财富，或者像泰格·伍兹（Tiger Woods）那样伟大，或者成为和米克·贾格尔（Mick Jagger）一样大红大紫的摇滚明星，又或者像唐纳德·特朗普（Donald Trump）一样奢华——那么，你就必须学会正确应用知识。

不过，不要绝望！

你拿在手中的这本书会给你很多意外的发现，它将指引你实现理想。如果你能认真读到此书的最后一页，你将会发现它的价值。请不要囫囵吞枣，粗略翻阅，只有认真阅读才会收到效果。

与本书配套的还有多媒体学习课程以及一些有助于改变你人生的软件。这些多媒体材料和软件你都可以免费使用。它们不仅能够帮助你掌握书中的内容,还可以帮助你将其用于日常生活实践。

有这种好事?你去试试看就知道了。

在你阅读此书之前,请先登陆 http://www.FreeWebCockpit.com。只需几秒钟,你就可免费注册"简单学"网站的账户,并且即刻使用与本书配套的多媒体课程《简单学 101》(*Simpleology 101*)及 WebCockpit 软件。

利用这些资源很重要!我们向大家免费提供这些资源,所以请你在读此书前,先上网看看吧!

网上资源可以为你阅读此书提供很好的帮助。你可以随时随地地阅读此书,床上、咖啡厅里,或在汽车上……

愿你能充分享受本书的多媒体课程和免费软件!

马克·乔伊纳

# 引言

## 梦想可以成真

我不知道你想要什么。我也没有义务告诉你应该追求什么。我要做的只是帮助你得到你想要的，不管它是什么。

《简单学》是关于如何认识这个世界以及如何行事才能实现心中期待的一套系统理论。它的目的在于：以最小的付出，在最短的时间内实现你的梦想。

请注意：我说的是"最小的付出"，并非"不用付出"。

如果你想拥有一本夸夸其谈、兜售华而不实的自我实现方法的秘笈，让你如同沐浴在阳光般曼妙的音乐中，你选错书了；

如果你渴望找到一本能传授给你"奇思妙想"的书——教你如何在希冀、祈祷和冥想中等待老天帮你实现梦想，而你却可以悠闲地享受快乐或玩弄那些无用的教条——那么你也选错书了；

不过，如果你的目的是把愿望变为现实，那么你便找对了地方。

值得庆幸的是，如果你没有一边悠闲地打响指，一边等着天上掉馅饼，或许实现梦想并非如你所想的那样困难。这一点我们稍后再详细讨论。

## 你究竟想要什么

或许你渴望一所可以眺望大海的山顶豪宅，吸引着人们艳羡的目光；

或许你想拥有一辆拉风的跑车，当你驾着它绝尘而去的时候，所有人都向你行注目礼；

或许你渴求一个热辣的情人，把你奉为天神。

这些就是你心中所想。是否有可能把它们变为现实呢？答案是肯定的。事实上，人们所做的任何事情大都始于头脑中的一闪念。

比尔·盖茨在成为世界首富之前，也不过是一个坐在教室的某个角落、一文不名的普通学生，但他有想法：一个点子，一个憧憬，一个理念——"我要成立一家软件公司"，而且这个想法真的变成了现实。

仔细想想，你就会觉得这是一件多么了不起的事情！一个和你一样的普通人，他头脑中的想法实实在在地变成了令人惊叹的事实！而这种梦想成真的事例并非罕见。

从播放器里最流行的歌曲，到旧金山街头拔地而起、直穿云霄的摩天大楼；从东京最火爆的俱乐部，到震撼眼球的奇装异服；所有这些原本都只是某个人头脑中的一种想法，而现在已经是看得见摸得着的现实了。

当你读这本书时，你头脑中的某些想法或许也能变为现实。真的会如此吗？让我们拭目以待。

或许成千上万的人都和比尔·盖茨一样，有创立一家软件公司的想法。然而，接下来会发生什么？

一些人根本就没有付诸行动；

一些人创立了规模较小，也不是非常成功的软件公司；

一些人看着自己梦想与现实之间的鸿沟越来越深，痛苦与悲伤充满胸膛；

还有一些人创办了公司，也获得了数百万的销售额，最终却又把公司卖掉了（本书作者便是其中之一）；

另外一些人臆想自己创立了一家软件公司，而事实上他们并没有，现在他们都住在精神病院里。

## 差别究竟在哪里

为什么一些人的想法成功了，而另一些人的想法却失败了？为什么还有些人的想法根本就没有付诸实践？

此书将简单明了地向你阐述其中的原因，并清楚地说明如何在梦想与现实之间架起成功的桥梁。

简言之，答案就在《简单学》的首条定律——直线理论，即两点之间直线最短。

理论上，我们都明白这条定律，但是在现实中我们常常走了弯路，或是走上了方向错误的直路。

**将注意力集中在那些有助你实现期望的最简单最有效的行为上，你便能够以最少的付出最快地实现梦想。这就是简单学。**

你现在就可以翻到第四章，学习那些比较实用的理念，并将其用于实践，马上获得实效。事实上，在《简单学101》多媒体配套教程中，这一章才是我们的第一章。在这一章里，我们把《简单学》最实用的东西教给大家，并通过软件帮助大家在日常生活中运用它们。这样，你一开始就能惊奇地发现，它们使你的人生发生了积极的变化。

但是在传统的纸质书中，我们可以更深入挖掘人们游离于直线道路的原因。

为此，我们要一起出发，开始一段旅行，就好像一同看场电影。但是我要提醒大家，这可不是一次轻松愉快的旅行，也不是神思仙游。它有时像折扣商店出售的侦探小说，有时又像一部惊悚小说，或者一部奇妙的、出人意料的喜剧，甚至就是一部恐怖电影。

但是，我向大家保证：你们将会喜欢它的结局。

来吧，让我们一起探个究竟！

致中国读者　4
权威推荐　6
读者推荐　8
卷首语　10
引　言　12

## 第一章　精神的囹圄
### 为什么你会被桎梏于现状

**第1节　愚　昧** 22
从某种意义上将，任何让我们偏离正确轨道的行为都是愚昧的一种表现。

**第2节　科　学** 24
"科学"是一种看世界的有效途径。"科学家"是富有科学的探索精神、并科学地思考和行事的人。

**第3节　隐形墙** 27
一个人越聪明，语言辩解的能力就越强，而事实上，这反而会阻碍他进一步学习和解决问题。

**第4节　逃脱的途径** 37
为什么从我们的行为中获益的更多的是他人，而不是我们自己？

## 第二章　隐形墙
### 阻碍你成功的大脑软硬件因素

43　**世界观**　第5节
我们眼中的事实并不是事实。我们观察事物的过程很可能已经改变了这个事物。

51　**信　仰**　第6节
执拗的信仰是导致大脑思维障碍的一套价值观。

56　**影响力**　第7节
当你无意识地伸出手指指点他人时，你已经悄悄启动了对他人的控制。

64　**语　言**　第8节
许多当今比较知名的权威人士指出，词语本身可以对人体产生物理作用，而且"量子物理学证明了这点"。

73　**贴标签**　第9节
当我们的情感被调动起来后，我们的所想和所为就很难理性化了。

77　**错误思维**　第10节
让我们设想你喝了些牛奶。一个小时后，你感觉胃痛。你喝了变质牛奶？

83　**伪科学**　第11节
当人们意识到上当时，已无处去讨回被骗的钱财了。他们被伪科学骗了……

97　**虚假信息**　第12节
5世纪，神奇的"36计"第一次被提出。从本质上讲，它们就是通过36种途径，向"敌人"隐瞒你的企图。

第13节 焦 点　109
　　　　世界上所有的事情都可以对你有利，但是如果你的焦点游离了这个事实，也会导致失败。

第14节 催眠术　114
　　　　许多人将催眠术斥之为伪科学，但临床心理学家们的治疗却都有着不俗的效果，有的更成为传奇。

第15节 失控的大脑软件　119
　　　　每当你过度兴奋或激情燃烧时，就好比许多程序在同时运行一样，你的RAM和CPU可能无法跟上步伐了。

第16节 神经网络　122
　　　　当我们的世界观发生改变时，我们大脑中的"线路"也随之发生改变。

## 第三章　支配现实

一套全新的大脑操作系统

第17节 逻 辑　131
　　　　如何评价口头语的合理性呢？说得更明白点：如何知道某人所说的话是不是胡言乱语呢？

第18节 再论科学　137
　　　　逻辑为我们用以描述世界的众多符号提供一个组织框架，而科学是我们通过观察对世界获得深层认识的一种方法。

第19节 精确英语　141
　　　　即使你已经掌握了你们的母语，你依然会遇到一些问题，而这些问题绝不仅仅是由语言或者你的思维模式造成的。

# 第四章　简单学

## 让你心想事成的简单科学

**147　波利亚方法**　第 20 节

做一个练习，想象一下你在一个前不着村后不着店的地方，车没了油，看看你是否可以运用波利亚四步骤来解决这种困境。

**150　UMF 规则**　第 21 节

经常通过模仿来指导自己行为的人，永远不会知道什么样的思想或行为能带给他所渴望的结果。

**167　走直线**　第 22 节

你们两人的目标都是穿过马路到街区的对面。让你的朋友先绕整个街区走一圈再走到马路对面。而你直接走到街的对面……

**170　明晰目标**　第 23 节

它们或许会撞上这 20 个目标中的某一些，或许一个也未击中。问题出在哪里呢？只击中一个目标不好吗？

**172　集中注意力**　第 24 节

如果一个医生正在做心脏搭桥手术，你认为他可以一边做手术，一边观看足球比赛吗？

**174　集中精力**　第 25 节

你知道一把刀子与一块钝石之间的不同吗？多数人会回答："刀子是锋利的，而石头不是。"

**176　行为与反应不可回避**　第 26 节

无论为了获得什么，你必须停止那些不能给你带来理想结果的行为，开始尝试那些能使你如愿以偿的行为。

**178　给你的新大脑制订一个维护计划**　附　录

# 第一章

# 精神的囹圄

## 为什么你会被桎梏于现状

## 第 1 节

# 愚　昧

有时，为了得到想要的，我们会做出一些离奇的事情；
有时，它们奏效了；
有时，却徒劳无功。

不过这样也很好。如果大家都不去尝试新的领域，我们将永远原地踏步，生活也会变得索然无味。

有时，人类曾经的痴心妄想甚至会改变世界。

路易·巴斯德（Louis Pasteur, 1822—1895，法国化学家和细菌学家。——译者注）是第一个设想我们体内的某种微生物可能与疾病相关的人，他曾被同时代的人嘲讽为"臆想狂"。而如今，有些人患了曾经被认为是绝症的疾病，却被某种抗生素挽救了生命，他们称他为"天才"。

所以，问题并不在于尝试奇思妙想，而在于你的行为没有指向你的最终目标，而你却误以为它们在为你的目标服务。

第一章 精神的图圈
为什么你会被桎梏于现状

　　爱因斯坦是这样概括这种行为方式的：愚昧，就是一次又一次地重复相同的错误，却期待着出现正确的结果。

　　爱因斯坦的话只指出了问题的一半，人们每天都在做的愚昧行为远不只这一种。对世界的错误认识能让人抓狂；一些人控制利用着我们，而我们却不明究竟，这也会使我们发疯。

　　我们每个人时不时都会疯狂一下，这并没有什么问题，真的！这甚至是不可避免的。只不过这种疯狂的行为换来的往往不是我们想要的结果。

　　**从某种意义上讲，任何让我们偏离正确轨道的行为都是愚昧的一种表现**。这个定义放在我们这个话题的语境中来看是十分贴切的。

　　为了得到我们想要的结果，请走出愚昧，从第 2 节开始，让我们一起踏上科学的道路。

## 第 2 节

# 科　学

与愚昧相对的是科学。

科学本质上并不是指实验室里的白大褂或者烧杯，而是一种认识世界的有效途径。

## 科　学

尝试。
专心致志。
如果成功——很好！
你有了一些新发现、新认知；
如果失败——尝试其他方法，
总结经验教训。

## 愚　昧

尝试。

心不在焉。

如果失败，仍旧一次又一次地重复老方法。

从不总结经验教训！

科学当然不止这么简单，但是我想你已领悟到科学和愚昧的基本区别了。

现在，你就快读完本书的前两节了，即使不再往下阅读，你也已经获得了世界上最有用的概念之一了。我是说真的。

……但是，请稍等。

理解科学的性质非常重要，或许这是最重要的前提。除此之外，科学还给予了我们一样非常重要的东西——知识。

在历史的长河中，科学家们代代相承，为我们留下了宝贵的知识财富。他们的研究告诉我们：哪些做法有效，哪些行为无用。

这对我们难道不是很有用吗？

与其在前路茫茫的人生道路上盲目地摸索，还不如打开一本书，然后对自己说："瞧，这家伙就这样做了，他说这样做有效。我不妨尝试一下，看看是否真的奏效。"

请注意，你要对自己说的是："我不妨尝试一下，看看是否真的奏效。"

**注意**：对别人有用的方法并不一定适合你。

你所获得的知识，有些有用，有些无用。无论如何，有知识总是一件很好的事。如果你还具备辨别哪些知识对自己有用的能力，那就更棒了。

一切听起来很简单，事实上也的确很简单！

如果一切如此简单，为什么人们做事还常常犯傻呢？

为什么当他们想拥有法拉利跑车时，却做一些南辕北辙的事情呢？对于那些刚刚起步的人，这样的状况好比身处精神病院，而这精神病院周围全是隐形墙。

### 谁是真正的科学家

　　某人有着科学家的头衔，比如在大学教书，或者在实验室里穿着白大褂，并不意味着他任何时候都能像科学家一样思考和行事。

　　科学家，其实是和你我一样的普通人，他们也有失败的经历。

　　有的科学家比同行出色；有的科学家可以在今天取得一个天才的发现，而第二天就犯了一个愚蠢的大错。

　　所以，大家一定不要混淆这点。我要探讨的不是成天穿着白大褂泡在实验室，我所说的是要以科学的探索精神去思考和做事。

　　具体应该怎么做呢？请往下读。

第 3 节

# 隐形墙

**即**便是深入理解了科学精髓的人，有时也难免会做傻事。为什么会这样呢？

下面我讲个小故事。

我写这本书时居住在新西兰的奥克兰。每天，我都从位于市中心的寓所步行到我隐蔽的微型办公室。

我每天早晨都变换去办公室的路线（每天变换路线对大脑有好处），有时会路过一个位于一楼的办公区，它有硕大的玻璃窗。

经过这儿时，你会发现它主要分成两大块空间。

其中一间布置成简单的办公室，放了三张桌子。你可以看出在那里工作的人明显属于"员工"。

这些人不是坐在那里瞎聊，互相开着不痛不痒的玩笑，就是在电脑上玩纸牌游戏，或者对着电脑屏幕发呆。他们似乎在做着什么，却全无效率；同时，他们眼睛的余光还不时扫视周围，警惕地看着隔壁房间里那个人有没有走出来。

隔壁房间坐着一位看上去十分疲劳、体态臃肿的中年男子，显然，他就是"老板"。

除了不跟人开玩笑，他和他的下属一样：都没做什么事。——如果做，也绝不多于他们。唯一不同的是他紧锁眉头。

我们不难看出，这家公司经营惨淡，而老板对此却无能为力。他毫无业绩，却竭力摆出一副正经做事的架式。他不知从哪里听说只有严厉、严肃才能让属下听命——所以，他眉头紧锁。但是他的严厉、严肃针对的具体是什么事、什么人呢？

今天早晨，当我再次经过这里时，我发现有些不同。

第一个房间里一切如故，而隔壁房间里的老板却用两个手掌捂住了脸，肩膀松松垮垮地耷拉着。

我在想，这样的日子还能撑多久？而这样的状况又怎么会持续了这么久?

我所描述的这幅画面一点也不稀奇。简单推测一下我们就知道,这里的员工每天真正在工作的时间只有30分钟到1个小时。如果向办公室里任何一位职员确认这一说法,他大概会先紧张地一笑,接着点头默认,然后又回到低效率的工作模式当中。

于是,老板请来了专家帮忙。

"问题在于缺少很好的培训和激励机制。"

于是,如同发现了新大陆一般,问题的症结终于水落石出!

我们聘请专家给我们传授了他们的诀窍。接下来会怎样呢?

高效率虽然持续了几天,但结果不言而喻……一切又回到了惯常的模式中。然而这都是大家预料之中的,不是吗?

我们都清楚现状很糟糕,却不愿采取任何行动。

如果你去问那些员工,办公室职员为什么会这样?几乎所有人都会说:"呃,我不知道……或许是因为……"然后是一堆或这或那的看法,当然其中有些看法也可能颇有见地。

这就是大多数人为看清这隐形墙所能做到的努力程度。这是什么原因导致的呢?

下面这个故事或许会对你有所启发。

我们假定有个名叫戴夫(Dave)的人。至于戴夫是否真有其人,读完此书,你就会找到答案了。哦,对了,我是指看完这部电影!

一天晚上,戴夫在当地的一家酒吧喝酒。与往常一样,常泡在酒吧的"吧虫"们正在谈论晚饭时常常需要回避的三个话题:宗教,政治,性。

此刻,他们谈论的是政治。主题是:统一营业税率和废除个人所得税对国家是否有利。

戴夫倾向于统一营业税,他觉得那样比较合理。他还得知著名的"爱穿紧身裤"教授(Dr. Fancypants)与他持相同的观点。

戴夫:呃,我支持"爱穿紧身裤"教授的看法,统一的营业税会使我们国家的经济繁荣。他提到营业税统一税率的做法早在1431年就实行过,这种做法使当时的经济持续繁荣了30年,直到"全都归我"伯爵(Count Itsallmine)重新恢复了个人所得税。

吧虫1号:真的吗?

戴夫:的确如此。现在很多人都很疑惑为什么我们从未这样做。

吧虫2号:嘿,"爱穿紧身裤"教授不是在三K党的集会上被抓过吗?

(众人大笑。)

于是，营业税统一税率的话题再没有被认真提出来讨论了，偶尔提到也不过是拿"爱穿紧身裤"开开玩笑。

不知什么原因，每次想到"爱穿紧身裤"教授的三K党身份，戴夫都会感到不自在。

事实上，"爱穿紧身裤"教授确实是三K党成员，但同时也是有史以来最杰出的经济学家之一。然而，他的学术光芒已经不再闪耀了。由于媒体的诽谤（显然这些媒体是由反对他的统一营业税计划的人资助的），人们记住的只是他是一个三K党成员。

戴夫感到有点不对劲，但也想不清问题具体出在哪里，这甚至使他有些不愉快的感觉。

他没有尝试表达自己不舒服的感觉，或者寻找产生这种感觉的原因，却选择了逃避，闭口不提"爱穿紧身裤"教授了。

戴夫并不知道，吧虫2号使用的其实是一种极常见的"逻辑谬论"（logical fallacy），即拉丁语"Argumentum ad hominem"，意思是：人身攻击。

**这种"逻辑谬论"往往会避开论题本身，转而对你或你援引的人进行人身攻击。**

之所以说吧虫2号说的是一个"谬论"，是因为"爱穿紧身裤"虽然是三K党成员，但这完全不影响他对统一营业税形成正确的判断。但是，我们往往不会这样思考。

这种谬论只不过是许许多多束缚我们思维的陈旧的语言学伎俩之一。尽管这种"人身攻击"在逻辑上是荒谬的，但是它的确会对听众产生一定的影响。这种谬论凭着经过有色眼镜过滤的信息，混淆着人们的视听。

语言束缚我们思维的方式还有很多种。有时，一旦陷入疯狂的行为，我们会巧妙地编织语言，将自己蒙蔽在疯狂的模式中。

戴夫又一次回到了酒吧。

吧虫1号找到了一种新消遣——逍遥吸入剂。

这是一种普遍得令人吃惊的吸毒方式：用鼻子吸入黏合剂、溶剂、气雾剂，以及一些常见的工业或日用化学药品散发出来的烟气。

当你吸入这些气体后，它们会在溶解大脑细胞膜的过程中使你产生一种廉价的快感。

请你读准了："溶解大脑细胞膜"。

吧虫1号：戴夫，你真该尝试一下！

戴夫：是吗？什么感觉？

吧虫1号：嗯……开始你会有窒息的感觉，但随后你就会体验到真正达到高潮的快感，一种比性还要美妙的感觉。

戴夫：我看算了，听起来挺危险的。

吧虫1号：别像个缩头乌龟似的，人不就活一世嘛！

对，这话似乎没错，大概任何人都不会否认人只能活一世。至少到目前为止，我们根本找不出什么理由来反驳它。

而且有时候，人们的确因为害怕冒险而变成了缩头乌龟。

喔，多么具有蛊惑性啊！听了吧虫 1 号的话，戴夫不禁有些蠢蠢欲动了。瞧，吧虫 1 号的话的确起了一定的作用。

这位吧虫的话有没有什么错误呢？戴夫没有想到的是：生命的确只有一次，而毒品能将这只有一次的生命迅速地推向终结。

（请勿尝试，这种行为每年都有导致猝死的情况发生。）但是戴夫还是陷入左右为难的选择当中：

◆ 做个缩头乌龟，放弃尽情地享受生活；
◆ 吸入一些让人心旷神怡的毒气。

这就是所谓的"第 22 条军规"（Catch-22 是美国著名黑色幽默派作家约瑟夫·海勒的代表作。它是一本很杰出的小说，而同名的英语短语 Catch-22，则专指那些自相矛盾、让人两难的规定与做法。——译者注）：一种进退两难或者左右都是输的境况。

确切地说，这种境况可以作如下描述。

**双重束缚（定义 1）** 格雷戈里·贝特森（Gregory Bateson），一位伟大的人类学家和语言学家，将"双重束缚"定义为："两种相互对立、同样令人痛苦的选择，由权威的一方向弱势或不明智的一方提出，从而使后者陷入一种无法调和的困境。"这种状况会给人带来极度的压抑，甚至导致精神病——"这样做，不是；那样做，也不对！"

贝特森为阐述他的精神分裂症理论发明了"双重束缚"这个概念。他所做的完整定义比较复杂，不过，我想你已经明白了其核心意义。

并非只有那些濒临精神分裂的人才会遭遇这种困境，许多普通人也会在日常生活中经历"双重束缚"的羁绊，可能还很频繁。

**双重束缚（定义2）** 关于"双重束缚"，还有一个公众说服力专家们经常用到的比较通俗的定义：两种同样不好的选择——其中一种被涂抹上了令人愉悦的光彩，从而影响了人的行为。（"你怎么了？难道你是胆小鬼吗？来吧，吸两下吧！"）

在上述两种定义下，都是由于当事人不能洞悉这种"双重束缚"，才导致种种问题的出现。为什么这样说呢？让我们再回到戴夫和那种吸入剂上。

当时戴夫并没意识到，除了那两种情况，他还有其他的选择。这两种互相对立的选择构成了一种"没有其他选择"的假象，但是可怜的受害者却没能意识到这一点。一旦他把这种假象看做客观真实，结果可能会很凄惨。

这种状况的确非常普遍。

但是……

吧虫1号：A还是B？你选哪个？

戴夫：事实上，我将选择C或D，或者别的情况。拜拜了，废柴。……也不是正确的解决办法。其实，有很多伟大的文学作品都反映了人们是怎样生活在"双重束缚"的牢笼中的。

一个最好的例子就是罗伯特·M.波西格（Robert M.Pirsig）1974年发表的《父子的世界》（Zen and the Art of Motorcycle Maintenance，该书简体中文版由中国友谊出版公司于1998年出版。——译者注）。这本篇幅很长却引人入胜的书，记载了一个非常聪明的人挣扎于艰巨的两难选择之间的故事。

我在此不告诉你故事的结局，而你已经得到了一条很好的线索。

至此，我们可以看出，神志清醒与智商的高低没有多大关系；清醒的头脑主要是以强调实践应用的世界观为基础的。

以上两种情况就是环绕在我们每个人周围的"隐形墙"的两种表现形式。你会发现，它们都与语言有关。语言的力量超乎你的想象。

1977年，一个名叫吉姆·琼斯（Jim Jones）的传教士编出一番话，动员1 000人离开了他们在美国的家乡，来到圭亚那，创建了一个名为"琼斯城（Jonestown）"的宗教团体。

1978年，他又编造出另一谎言，说服914人服用带葡萄口味、搀兑了氰化物的Kool-Aid（"酷爱"，通用食品公司的一个饮料品牌。——译者注）结束了生命。

这些人的"双重束缚"是：要么面对外围世界的邪恶，要么喝下Kool-Aid，得到救赎。

### 智慧陷阱

爱德华·德·博诺（Edward De Bono）曾经指出，智慧有时也会困住你，妨碍你成功地解决问题。

例如，有一种智慧是我们与生俱来的，就是为自己的观点辩护。德·博诺认为，一个人越聪明，语言辩解的能力就越强，而事实上，这反而会阻碍他进一步学习和解决问题。它会将你束缚在一种不健康的生活方式当中——而把你带入这种束缚的正是你的雄辩。

在过去的历史中，语言还被用来发动战争，引起暴乱，以及引发各种各样的故意伤害行为。

但是，语言也并非总被邪恶利用。著名的医学催眠师米尔顿·H.埃里克森 (Milton H. Erickson) 在治疗病人的过程中运用语言技巧（甚至包括"双重束缚"的技巧），帮助病人获得了快乐而健康的心态和行为习惯。

现在，你可能会认为你已经揭开了包围着我们的那些"隐形墙"的真面目。不过，请不要高兴得太早。

语言并非我们身边的唯一束缚，这些"隐形墙"也不是我们面临的唯一问题。

第 4 节

# 逃脱的途径

随着你对各种形式的"隐形墙"的认识的加深后,它们对你的约束力会越来越小。那是一种获得重生的感觉!

待你读完本书第二章,你将比周围的人更了解束缚我们行为的种种因素。但是,你首先必须具备两个前提条件:

◆ 有效地思考你所得到的信息;
◆ 寻找一套导航系统,为你指引从现实通往理想的道路。

"任何事情都要去尝试。如果成功了,很好!如果失败,就换一种方式再试试。"乍一看,这个观点似乎很有道理,但事实却并非如此简单。

还记得前面提到的戴夫吧?

上星期,戴夫参加了一个培训班,想学些把妹伎俩。其中一个就是所谓的"为自己取印第安名字"的伎俩。(请大家不要效仿，我只是因为需要而杜撰的)。

　　戴夫：嗨，我是戴夫，我的印第安名字叫做"像一头猛兽那样整夜做爱并为你准备早餐"。

　　甜心：你真有意思。那我们离开这儿吧，随便你的名字叫什么！

你瞧，搞定了！

于是，作为科学家的戴夫认为他已经掌握了诀窍：他尝试了，并且奏效了。接下来他要再实践一次。

　　第二天晚上……

　　戴夫：嗨，我是戴夫，我的印第安名字叫做"像一头猛兽那样整夜做爱并为你准备早餐"。

　　奔跑的大熊：哦，是吗？我叫奔跑的大熊，我才是真正的印第安人。你的祖先曾经杀戮过我的祖先。你完蛋了，死白佬！

　　(奔跑的大熊想割下戴夫的头皮，戴夫仓惶而逃)。

哪里出错了呢？

　　一个又一个夜晚，戴夫如同一个小行家，不断尝试新的搭讪语（从这次开始，他不再使用种族污蔑的话语作为开场白）。久而久之，戴夫逐渐建立起自己的行为方式——一套对他屡试不爽的模式。

　　突然有一天，这种方式也不灵了。

　　他没想到，经验失灵的原因在于使用了新品牌的身体除臭剂。它含有一种化学药品，这种药品会使女性感到对她们未来孩子的健康有威胁。

　　这个产品的广告没有提及此项。未来的某一天，也许有人会发现这个品牌的老总深知他的产品将被女性排斥。滑稽的是，他们将其称为"超级种马"。但不论将来怎样，它已经帮不上戴夫的忙了。

尽管对世界有更好的认识与理解或许会有所助益，但改变不健康的性嗜好同样有用。

这是第3节将讨论的内容。它将为你提供一些非常有用的方法，提高你判断周围信息的准确度。有了这些方法，你将懂得如何理性地权衡各种信息。这将使你成为优秀的观察家，但是你还希望成为一名实践者，对吗？

本书的主题就是：让梦想成真的简单科学。

本书第四章将为你提供一套实用的原理，指导你为人处事，从而加速实现你心中的目标，同时扫除一切毫无意义、冥顽不灵的行为。但是，现在我们还没有完全做好准备。

首先，我们必须搞清楚为什么你现在无法实现自己的梦想，必须弄明白为什么我们的行为更多地是让他人而不是我们自己受益。

为此就必须更深入地探讨……

# 第二章

## 隐形墙

### 阻碍你成功的大脑软硬件因素

接下来，大家将要读到的内容远远不能算是对这个话题的详尽讨论，然而它会为你的思想开启一道道洞察之门。

我不得不提醒大家，第一次接触这些思想时，许多人内心都会出现斗争。倒不是因为这些观点很难让人领会，问题在于这些新观念挑战了他们的固有观念。抛弃那些旧的理念，说起来容易，做起来难。

然而，随着阅读的深入，你会发现改变的过程不仅让你获益匪浅，对我们的心理健康也是十分有用的。

初步了解这些思想之后，如果你对它们保持终生学习的态度，你对自己的思想、进而对生活的控制能力会越来越强。

我们还远远没能彻底理解人类思想，只有那些沿街叫卖万应灵丹的庸医会向你吹嘘他们无所不知。但是，我们的确已经发现了许多有用的线索。

以下便是对这些发现的梳理。

第5节

# 世界观

**你**的头脑中正在播放一部电影。

它源于现实,但又不等同于现实。其中一些画面建立在观察所得的事实基础之上,而更多的是以直觉为依据,有些甚至纯粹来源于漫无边际的想象。

无论哪种情况,有一点是确定的:它并不是我们所谓的"现实"。

我们目前对人类大脑仍然知之甚少,但有一点我们是清楚的:我们眼中的外部世界并非真实的外在世界本身。

你认为自己看到的就是事物本身,但实际上,你所看到的只是你的感官对事物本体形成的主观影像。

读者会问我:"你在说什么啊?"

为了帮助大家理解,我们设置一个场景:一个被大家称为"傻子"、行事疯癫的人走进戴夫常去的酒吧。他点了一杯酒,坐下来,然后随意向酒吧的老主顾们提出一堆无厘头的问题。比如……

傻子:戴夫,兄弟,请给我描述一下"看"的全过程。

戴夫：嗯……看的过程？你是说用我的眼睛吗？

傻子：是的。

戴夫：嗯……我想那一定跟雷达差不多，对吗？我的意思是说，我们必须发出一些光波或类似的东西，光波遇到我们看的事物反射回我们的眼睛，我们就看到了。

傻子：不错的推理。不过，很多科学家的看法与你所说的过程恰好相反。

戴夫：你是说物体向我们发射出雷达吗？

傻子：不是物体，是光。让我们先讨论一下光源。

戴夫：……哦，那是光照射到物体，然后将反射的图像送入我们的大脑？

傻子：你说对了一半。光并不能将图像送入大脑，它只是图像信息的载体。我们的眼睛获得信息，然后将其传输到大脑，大脑随即解读收到的数据，这个过程好比在你的大脑中留下原物的复制品。

戴夫：所以我们看到的并不是事物本身？

傻子：对，只是复制品。事实上，这个复制品会被多种方式扭曲，而且常常如此。

戴夫：晕！

傻子：还有让你更晕的。你养鱼吗？

戴夫：不，娘娘腔的人才养鱼。

傻子：戴夫，我知道你养过鱼。事实上，你的鱼能看到你所看不到的东西。

戴夫：闭嘴！

傻子：我是说真的，一些鱼可以看到红外线。

戴夫：你是说像戴了夜视镜一样吗？

傻子：没错，但先别急。你真的明白红外线是什么吗？

戴夫：不，我不懂。

傻子：那么，你应该熟悉彩虹的颜色吧。有一个很有用的记忆方法可以帮助你记住它们：ROYGBIV——红橙黄绿蓝靛紫（每个英语单词的首字母）。

戴夫：你真娘娘腔。

傻子：别废话！ROYGBIV（彩虹的色彩）只是电磁光谱的一小部分。如果红光在光谱的右端，那么再往右下一个光波是红外线，然后是微波。继续向右，你会找到无线电和长波。在最左端分别是X射线和γ射线。你所能看到的只是光谱上非常窄小的一部分而已，而鱼比你看到的范围要广得多。

戴夫：可恶！

傻子：但事实如此。

戴夫：了不起……哎，这就是X射线的工作原理，对吗？我们是通过X射线看见人体内部的吗？

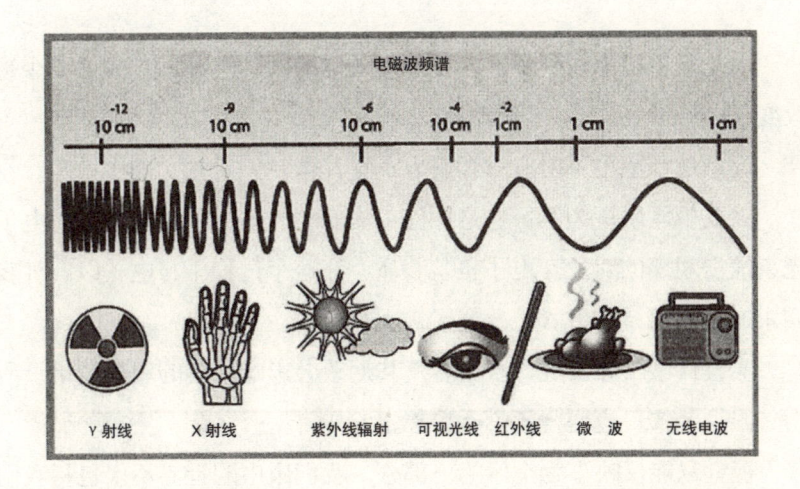

电磁波频谱

γ射线　　X射线　　紫外线辐射　　可视光线　红外线　　微波　　无线电波

傻子：说得不错，但还不准确。我们在医院查看X光片时，并不是我们的肉眼看到了X光，我们看到的只是我们对X射线表现出来的真实图像的诠释，它以一种我们能够看到的形式展现出来。

戴夫：那如果我们能通过微波看物体，又会怎样呢？

45

傻子：现在你开始思考了。问得好！如果这样，又会怎样？

人类肉眼所见的世界只是一个复制品而已，是无限广阔的现实世界的一个微小部分。更加糟糕的是，我们观看事物的过程很可能就已经改变了这个事物。这就是我们所说的"观察者效应"（observer effect）。

这个名词有几种不同的含义和多种解释，最简单的解释如下：

无论观察什么，都必须有光线从被观察的对象表面反射回来。

从上面"傻子"的话中，我们知道"看见"的过程始于光线，由光线射向对象，再从对象反射到眼睛。无论光是一种什么东西，我们知道它对所照射的对象都产生了一定的影响。

因此，不论你看到什么，在它进入你的眼睛之前，都或多或少被改变了。

这点是否适用于所有的观察方式呢？据我们所知，确实如此。

以电子显微镜为例：它是如何工作的呢？答案是：通过发射电子光束撞击观察的对象。电子也是物质，在这个过程中，电子以一种我们永远搞不清楚的方式，改变了被观察对象。

实验科学研究发现，观察者及其期望会影响最终的观察结果。所谓"眼见为实"也变得不怎么可靠了？

视觉只能反映事物全体的一部分。我们眼中的世界不仅包括我们的所见，也包括我们的所听，所感，所想。

令人失望、同时也值得庆幸的是：人类认识这个世界的模型永远都是不完全的。我们大脑硬件配置的局限性决定了这一事实。

首先，我们不可能事事通晓，这点不难证明。如果你还不确定，请做下面这件事：

取出一张世界地图,闭上眼睛,用手指随意点出一个位置。然后试着回答以下问题:你知道那个地方讲哪种语言吗?你知道当地盛行哪种宗教吗?它的政治体制怎样?市政大楼又在哪条大街?

这样,我想你已经明白了:我们不可能无所不知。就算是已经存储在大脑里的信息,我们的大脑在某个时间也只能记起其中很小的一部分。

### 神奇的数字"7"

普林斯顿大学认知心理学家乔治·米勒(George Miller)1956年曾经发表一篇题为《神奇的数字"7"加"2"或减"2":人类加工处理信息的某些局限性》(The Magical Number Seven, Plus or Minus Two: Some Limits on Our Capacity for Processing Information)的论文。他在文中指出人类大脑一次只能同时处理5到9个信息单元。

你的大脑或许已经积聚了大量信息,但你每次能够想起的只是其中非常微小的一部分。

接下来,我要给前面的讨论再"锦上添花"一下……

我们知道,大脑的硬件设施配置不足,除此之外,我们的世界观——我们相信的基本事实,或者我们头脑中"真实世界"的画面,又或者我们所认为的"真理"等——不仅建立在受硬件局限的感官信息之上,也建立在我们的主观信仰、观念、理论以及想象之上。

有时,这些主观意念在客观现实中是毫无根据的,但我们在做事时却把这些主观的东西当成是"现实"。有人将"现实"和表面加以幻想,这是人类最大的弊病。

我们将在后面对此做更多的探讨。下面,我设计了一个模型,帮助大家将上面的论述联系起来。

试想一下,其实我们大脑的工作原理在很大程度上类似于电脑。我们可以将其称为人脑计算机模型:

你已经储备的知识,好比电脑硬盘。

你当下所想到并即时处理的信息,以及即时的处理,好比是内存。

电脑的中央处理器(CPU)具有依靠已经编写好的程序实现信息处理的能力。任何电脑程序的改变必须以尊重CPU的程序为前提。我们在整理或编写头脑中的程序时,也必须符合我们大脑CPU的要求。

你所拥有的世界观就好比电脑的操作系统。

你的行为就好比在操作系统中运行的程序。

让我们看看下面的表格。

对于人类的大脑,我们仍有很多需要学习,但是下面的表格为我们提供了很好的线索。

表1 电脑与人脑的对比

| 电脑硬件 | 大脑组织 |
| --- | --- |
| CPU | 大脑处理信息的能力及其工作原理 |
| 内 存 | 能够即时处理的信息量 |
| 硬 盘 | 你已存储的信息、思想、记忆和经验 |
| 操作系统 | 你的世界观 |
| 程 序 | 为实现各种各样的目的而采取的行动 |

第二章　隐形墙
阻碍你成功的大脑软硬件因素

我们并不十分清楚信息（我们的记忆与思想）是如何被存入我们大脑的硬盘中的，我们甚至不确定大脑存储信息的空间到底有多大。

但我们可以确定的是，所有信息都以不断变化的形式相互联系。我们知道信息存储在神经细胞中，然后神经细胞与神经细胞之间不断建立新的联系。比如，当你看到上面的图表时，也许在两个已知概念之间，一种全新的、非常有用的联系正在你的大脑中形成，而此前这种联系是不存在的。

由此可知，大脑就像电脑硬盘一样储存原始信息，除此之外，大脑中还有一张网络，帮助我们组织这些信息。然而，我们对这种联系的建立仍然知之甚少，我们每天都有新发现，并常常感到意外。

对于意识作用的原理，我们也有许多未知，但是找到了一些小线索，比如神奇的数字"7"。

从下面这个简单的现象，可以看出我们大脑的硬盘和内存之间的关联以及偶尔发生的故障。

你是否有过这样的经历：当你在与人争论时，对方打断你说："你说得没错，但如果你知道某某博士对此的看法……"

你赞同道："哦，天啊，这的确是一个不错的观点。"构成这个观点的神经联系要么起初不存在，要么它在你头脑中的印象不够深刻，所以你之前没能意识到这个观点。

产生这种现象的原因还有很多，不过我想你已经有了一个基本的认识了。本章的剩下部分将对大脑中央处理器中的一些主要缺陷进行分析。我们行事所依据的世界观本身就是残缺的，但这种残缺的模式却是我们生存所必需的，不然就只能坐以待毙。

不建立起一定的世界观，我们就无法做出任何决定，而我们在生活中每时每刻都需要做出这样或那样的决定。

从你开始阅读这本书起，你已经在不断地做着微小的决定；在你阅读完此书之前，你还会继续做出更多的决定，直至最终决定将此书介绍给他人。

有时我们做出的决定能让我们达到目的，有时却事与愿违。为什么有时我们做出的决定会与我们的愿望相悖？难道我们的世界观竟残缺得如此不堪？

没有人知道确切的答案，但我们仍然有迹可循。第一条线索就是信仰。

## 第 6 节

# 信 仰

**盲**目的信仰是导致大脑思维障碍的一种世界观。

我们头脑中的世界观总是不全面的，因此容易发生错误，对这样或那样观念的信奉（没有灵活性的）会给我们带来巨大的痛苦。

你想找本好书来看，那么你不妨读一下埃里克·霍夫尔（Eric Hoffer）的《真正的信仰者》（*The True Believer*），它对信仰者的精神官能障碍进行深刻探讨。

"官能障碍"是否用词过重了？

如果一个人对某件事情或某个人没有这样那样的主观偏见，或者思想灵活些，对很多事情的认识就会不一样。

对世界的看法会极大地影响我们的意识与行为，我们对自己的看法也会左右我们。

比如，或许你会认为"我绝不可能成为富有的人"。如果事实果真如此，那么去做任何使自己发财的事都是会愚蠢而徒劳的，不是吗？但如果这种假设是错误的呢？如果事实上，有一些十分简单而又安全的途径可以使你经济独立呢？固执地相信"我不会发财"首先就把所有可能性都封杀了——无论现实的可能性如何。

非常有趣而又值得注意的是：一些在他人看来不合理的事情，对你却可能非常合理。那么，"理性"是怎样随着个人信仰而变化无常的呢？

先将此问题暂且搁置，留待后面探讨。让我们先来看看信仰形成的几种途径。

在你很小的时候，你的父亲或母亲就曾告诫过你："孩子，永远不要相信陌生人，他们会害你。"

心理学上有一种称为"服从权威"的心理现象，我们总是倾向于相信我们所尊敬的权威的话。这个权威可以是任何人——家长、警察、老师，或者你尊敬的朋友。一旦你将某人奉为权威，你的思想同时也在某种程度上受其影响。你不仅倾向于相信他们，同时也容易与他们达成一致，甚至听命于他们。

人们的这种服从心理能陷得多深呢？

相当深！这是心理学家斯坦利·米尔格兰姆（Stanley Milgram）的回答。斯坦利 1974 年在他的同名遗传学专著中首先提出了"服从权威"（obedience to authority）的概念。

他设计了一个实验：他"诱骗"实验对象认为他们正在给某人做强度不断升级的电击。当电击已经十分明显地达到危及被电击者性命的程度时，主导实验的"权威"让他们继续电击。40 位实验对象中的 37 人在权威的说服下，实施了致命的一击。

小时候大人们跟我们说这是对的，那是错的；长大后我们了解了更多的事情，发现有些事情和我们原来的认知不一样。这就会导致认知失调（Cognitive Dissonance）：两种互相矛盾的观点同时存在于头脑中所引起的不适感。

这种现象有可能促使人们形成新的信仰，也可能让人们更加坚定原先的信仰，尽管有相反的事实存在。

"认知失调"导致的一个必然结果就是：每当听到支持我们信仰的说法时，我们就会感到欣喜。

与失调相对的是和谐（harmony）。

在工作会议或朋友聚会的场合，我们的谈话很少有分歧，这体现了另一种现象，群体思维（Groupthink），即个人信仰迎合集体信仰的现象——哪怕这种集体信仰是非理性、不健康、或危险的。这个现象在心理学上也被称为"从众"心理。

这些就是大千世界每天上演的情景。你有胆量勇敢地剖析一下自己的信仰以及它们形成的过程吗？

这种想法或许已经令你心生不悦了。为什么会这样呢？我们的信仰是否在某种程度上服务于我们呢？

它们有时会；有时却不会。

不管怎样，对信仰的这些了解会帮助我们建立灵活性，从而更好地掌控自己的生活。而且，对各种影响力的清醒认识也会减轻它们的作用力。

当然，本节绝不是对信仰形成的各种机制面面俱到地加以解析，它只是一个开始。

通过研究影响力，或许你会有更深入的认识。

## 第7节

# 影响力

控制他人的行为是否可能呢？

如果赋予你这样的权力，你会怎样做？如果这个权力控制在国家手中，你又会怎样做？

多年来，对精神控制的试验吸引了许多人，而且还成了为某些残酷罪行的辩解借口。

中央情报局代号为"MK Ultra"的精神控制实验就是最好的例证。20世纪50年代，中央情报局使用药物、电子信号，以及其他各种各样残酷的手段进行实验，试图控制他人的行为。

那时，我们担心"敌人"也在做同样的试验。如果他们在做，我们最好也做，不是吗？

据说西德尼·戈特里（Sidney Gottlieb）博士——这项试验的负责人——曾经对MK Ultra的实验对象注射迷幻药，将他们关闭在隔离室，一遍又一遍地播放他们极端自我诋毁的录音。

听起来，这好像是某种疯狂的阴谋理论，然而《信息自由法案》（Freedom of Information Act）已经证实了这些试验的真实性。

第二章　隐形墙
阻碍你成功的大脑软硬件因素

> **是背叛美国的疯子，还是拥护美国的爱国者**
>
> 　　读到这里时，一些人的信仰体系或许会使他们认为，在此提及 MK ULTRA，足以证明我是一个背叛美国的疯子。
>
> 　　"一个真正的爱国者是不会引导世界回忆美国曾经的失败的。"他们说。
>
> 　　他们不知道的是：我曾经在军队服役近十年，同时我信奉美国人的价值观——人人皆应获得自由和公正。
>
> 　　谈及这些并不能证明我不爱国，即使当今的政治气候把我渲染成这个样子，也仍然不能据此将我推向这样的极端。
>
> 　　读到这里，我猜想不同的读者早已为我涂上了各种政治色彩。那么他们谁对谁错呢？当你读完本书的后续部分，你自然会找到答案。

　　这些故事听起来有些离奇，然而在日常生活中，各种形式的精神控制却随处可见。事实上，我们既是承受者又是施行者。但我们并不把这种控制叫做"精神控制"，在不同的场合下，我们有不同的名称来称呼它：

　　当它被公司利用来说明顾客购买商品时，它被称为"市场营销"；

　　当它被政治家利用时，它被称为"演讲"；

　　如果同样的演讲被敌人采用，它或许就被称做"煽动"；

　　如果这种影响被父亲用来教育子女，它又被叫做"循循善诱的教导"；

　　如果它是教练在大赛前斗志昂扬的讲话，它或许就被叫做"鼓舞士气的动员"。

在你以受害者的口吻指责他人对你造成不良影响之前，别忘了你也时常在影响别人。你有没有曾经试图说服别人去看某场电影或者去某个餐厅用餐呢？这就是影响力。

每天你都会受到各式各样千奇百怪的影响。有些，你能意识到；有些，你却意识不到。你没发现它，它却已进入你的大脑，并产生了影响。即使你发现了，如果不能较好地评估它，它一样会产生影响。这个"影响"指什么呢？比如，你的目标是从 A 到 B，而某种影响会说服你前往 Z，从而使你离最初的目标越来越远。

准确地说，"影响力"究竟是什么？

我们真的已经破解说服力的密码了吗？

花费那么多资源搞了那么多试验，我们是否找到了一种不必使用隔离室或语言虐待就能控制人类行为的途径呢？许多人都曾试着回答这个问题，而事实上，除了个别几个相似点之外，大家的意见大相径庭。不过的确有一些非常有用的"劝导模式"，如果领悟得当，将会异常奏效。

在摒弃任何模式之前，你应该意识到许多人正在对这些模式进行细致入微的研究。为什么呢？因为他们想占尽优势以达到控制你的企图。每个任职于市场销售部门或者参与过政治竞选活动的人，都会深有感触，这绝非偏执的胡言乱语。

通常有两种方法来研究劝导方式。

## 1. 概念模式

这种模式试图将劝导术分解为一系列的法则或规则。

最具代表的是罗伯特·西奥迪尼（Robert Cialdini）。在他的重要代表作《影响力》（*Influence*）一书中，他用非常科学、同时也非常具有说服力的方式对影响力的作用机制进行了详尽的研究。在试图理解劝说与影响力的较为严肃的学术探讨中，西奥迪尼的研究或许是最著名的。

除了参考本书和其他书上提到的心理学家的作品,他还非常细致地研究了影响力的实践者们——从试图向你推销汽车的销售员到机场里企图诱导你购买他的书的哈瑞·克利须纳(Hare Krishna,克利须那神的信徒,克利须那神来源于印度教。——译者注)。

西奥迪尼向我们描述了6种影响他人的最为奏效的"武器":

**互惠互应** 如果某人感到他人给了自己某物,他就迫切地感到需要偿还对方。

**承诺与一贯性** 一旦做出承诺,不管口头的或者意会的,人们总会心生兑现承诺的责任感;此外,人们也有始终保持自己言行一致的愿望。

**社会认同** 还记得"群体思维"和"从众心理"吗?说的是一个意思——不过这里是指有意识地利用这种现象,按照既定目的改变他人的行为。(同样的心理规律被如此应用,有趣吧?)

**好感** 让我们产生好感的人更容易影响我们的行为。

**权威** 还记得"服从权威"现象吗?

**稀缺** 如果我们感到做某事机不可失,时不再来,我们就很可能马上行动。

## 2. 步骤化模式

步骤化模式是将劝导的过程分解为按部就班的步骤或数学公式,而非概念。

我的朋友中有一些是世界知名的、拥有深刻影响力的讲师。他们大部分有着多年的学术积累,以及对各种说服武器的实际应用经验(除了比较学术化的方法外,他们大都还掌握着一些玄妙的说服方式,比如神经语言程式学和催眠术）。

我不愿将这些人与 MK Ultra 相提并论，因为他们既是说服大师，同时大都也是我认为的"好人"。他们向商业人士传授说服之法主要是为了帮助他们提高销售业绩。

如同其他任何事情，这些理念既可行善，也可作恶。并非每一个说服者都会将你的利益放在心上。同时，并非每个具有强大说服力的人都有说服你的企图。

总之，向说服大师或营销大师学习可以解放你的思想。当其他人企图用这些方法说服你时，你会产生警惕，从而为自己留下选择空间。

凯文·霍根（Kevin Hogan）博士（《说服你其实很简单》作者）就是我的这些朋友当中的一员，他在他所从事的领域是一位天才。我问霍根博士："你的终极说服模式是什么呢？"他的精彩答复如下：

### 说服他人的 10 个简单步骤

1. **审视并控制语境**。人在无意识状态下，在不同的环境下的反应会非常不同。（设想一下当你置身于图书馆、医院候诊室、体育馆、麦当劳、华丽的饭店时的行为反应。）

环境：我们在不同的人群中反应也很不同，他人的个性可以融入我们的性格中，反之亦然。所以，当你与客户交谈时，你们双方旁边坐着什么人将会影响他的决定。

物体：如果你看到我的咖啡桌上放着一本 MAXIM 或《男人装》，你的反应绝对不同于看到我的桌上放着《时代周刊》、《新闻周刊》，或者《商业周刊》。周围环境里的任何物体，包括你的着装，都会影响你的说服力。

2. **设定我想要的结果**。最理想的结果就是我与我的客户必须双赢。我希望达成什么具体事项？我的目标又是什么？

3. **移情作用**。如果没有移情作用，你无法影响他人。大多数情况下，我说服的对象都成了我的朋友。我愿意去了解并感受我的客户究竟是个什么样的人……他们的愿望、动力、所想及原因。

**4. 消解抵触情绪**。对于任何说服意图，抵触与反作用的产生都是正常的。我们要预料到抵触的产生，并通过指出自己的缺点来消解抵触心理。我常拿自己开玩笑，同时也指出产品的不足，人们通常就不会再深究你已向他们灌输了什么。

**5. 解除对方可能后悔的担心**。"如果我买了，我将来一定会后悔……"

你要带领你的客户，踏上穿越时空、通向未来的旅途，你可以告诉他们，未来的确有可能产生遗憾，但同时，你必须下更大的工夫使你的客户相信，更有可能发生的是你的产品或服务能够很好地满足他们的需要。

**6. 设计提议框架**。A疗法的死亡率为20%，B疗法的存活率为80%，你选择哪种疗法呢？当然是B——尽管它们实际上是一回事——但不同的措辞每天改变着许多人的命运。仔细想想你该如何组织你的提议。

**7. 提出建议**。想好一种对方最有可能接受的解决方案，但首先你要提出另外一种明显较差的选择，再提出你的方案，然后保持相信对方已接受你的意见的自信，继续向前稳步推进。

**8. 提前扫除存在的障碍**。多数说服者都会预先想好退路，这是疯狂的。你应该尽早想好交谈时可能会出现的各种情况，提前解决所有可能的障碍。注意，解决问题的速度不要太快，否则会使你的客户感到自己很蠢。

**9. 不断地询问**，直到对方接受。

**10. 事后确认**。你要知道，在你的客户决定接受之后，他们几乎会立刻感到后悔，并持续几天。因此，你必须让对方确定自己的决定，但不是在交易成功后立即进行，而是一天以后。

来自《说服你其实很简单》作者凯文·霍根博士
http://www.kevinhogan.com

你刚刚读到的只是用来操纵并控制你的所有信息资源中的一个简单样本。

## 框架操作

霍根博士在他的理论模型里只是简单地提及"框架"。事实上，我认为"框架"是现有的说服理念中最强有力的。

它甚至可以作为一个"超级原则"，其他说服原则都可以以它为根本进行组织。换句话说，我们完全可以将各种说服原则看做某种形式下的"框架操纵"。

什么是"框架操纵"呢？

首先，你必须明白"框架"就是"信息的周边信息"。它可以是任何一种东西。正如一幅画周边的画框会影响画的效果一样，信息周围的框架很大程度上决定了你对该信息的理解以及诠释。如果你在卢浮宫看到一幅悬挂着的画，你很可能会把它看做一件精良的艺术品。然而，同样的一幅画如果由街头一个衣衫褴褛的小贩兜售，你可能就会唾弃它。

同一件艺术品，其隐形的框架形式也可能是你所听到的专家评论，不论是在你赏阅这件艺术品之前、之中还是之后。

还有一种框架形式可能是某个群体对这幅画的评论，以及这个群体对它所达成的共识。

等等，我们之前难道没有谈到过这点吗？当然谈过。同时，非常有趣的是，各种形式的影响力都可以解释为对某人意识框架的操纵。

有些人排斥对说服方式的学习，他们的理由可能是："我不想学习如何操纵他人！"然而事实上，这种排斥让他们在面对那些对此有所研究的人时变得束手无策、不堪一击。

而本书是使你摆脱弱势的速成班：保护自己不被人左右的终极途径是保持怀疑态度，同时不让表面的和谐影响你的思考。

第二章 隐形墙
阻碍你成功的大脑软硬件因素

说起来容易，做起来难，尤其是当你对"语言"所构成"隐形墙"一无所知的时候。

63

## 第 8 节

# 语 言

**我**们知道，语言能以微妙而神奇的方式塑造我们的世界观。

假设戴夫是"给我们你的钱"党（也就是所谓的 G 党——The Giveusyourmoney Party）成员。作为该党忠诚的正式成员，他对另一个党派——"请给我们你的钱"党（The Pleasegiveusyourmoney Party）——的成员有种几乎本能的反感。

现在，镜头转到当地的一家俱乐部……

吧虫 1 号：你该不会对我说，G 党与"我们想要你的土地"党（The Wewantyourlandia Party）的邪恶勾当也是正常的吧？

戴夫：我当然会这样说。"我们想要你的土地"党是我们的同盟，G 党始终支持自己的同盟。

戴夫之前从未动过这种念头，这不过是他为了争论而临时编造的罢了（别装了，你也曾经做过这样的事情）。久而久之，戴夫在他的演讲中越来越频繁地使用这种措辞，在他意识到之前，他已经对自己的话深信不疑了。（重复是建立信仰的最佳途径，尤其当自己自愿重复的时候。）

后来，戴夫发现"我们想要你的土地"党不仅非法占领他国土地，而且以不可饶恕的行径折磨被占领地区的居民。使用"残暴压迫"来概括他们的所作所为一点也不过分。每当提及美国给予"我们想要你的土地"党军事援助的话题，戴夫总会被自己所炮制的语言所束缚：

"G党始终支持自己的同盟。"

他一方面感到不舒服（记得"认知失调"吗？），但是他又不得不坚守自己的原则（记得"承诺与一贯性"吗？）。这不仅使他屡屡感到不爽，他还必须为此辩护，这破坏了他的许多社交关系。他的许多朋友都清楚"我们想要你的土地"党的诡计，对他非理性的辩护感到难以理解，并失去了对他的尊敬。

如果戴夫明白自己是如何将自己禁锢起来的话，他或许就不用这样自食苦果！

我们多数人都不清楚语言是如何束缚我们的，所以无力控制这种束缚的结果。有时，我们发现自己身陷语言的牢笼，最后还为我们自己都不十分相信的话卷入口水战。

这就是"隐形墙"。它不仅使我们对自己失去控制，而且还使这种控制权转移到他人手中。不了解语言机制势必让我们更容易受他人影响。

上面这些由戴夫编造的话语，如果由一个政治家说出来，只要被戴夫接受，就会对他产生同样的影响。而这些话语对戴夫所产生的影响，无论是自己还是他人施加的，都会很深远。

当戴夫更深入地争论时，他甚至会使用激愤的话来攻击敌对党。不至于吧？不就一些言论而已吗？或许不是言论本身那么简单。下面，你马上可以体验到，你使用的话语所产生的心理影响会波及你的身体。请尝试如下做法：

> 从地板上（无论哪里吧）捡起一个东西，然后瞪着它，在心里默念20遍"我恨你"。
> 不停地说，不停地说。20遍后，你有什么感受呢？
> 好，请再试一次。这次，请展露你的笑容。
> 你注意到有什么变化了吗？

你或许已经发现，仅仅是一遍又一遍地默念"我恨你"便足以让你感到不舒服，你在其他情景下应该也有过类似的体验。而带着笑容默念"我恨你"会让你更不舒服，甚至感觉诡异（当然，在你有点疯狂的时候除外）。想一下这些词语就会令人感到不爽。如果非常坚定地大声说出来，这种不爽的感觉会更加强烈。

现在，尝试一下和刚才完全相反的举动。请重复这个小实验的两个步骤，这次默念"我爱你"。

现在，你会感觉好多了。而我之所以用这样的语句结束这个实验，是因为我希望你在接下来的阅读中有个好心情。

目前，没有人能确定语言为何对我们产生这样的作用。可能是由于这些词语与大脑的某种思想或情感有联系，也可能是其他原因。

许多受大众欢迎的"新生代权威人士"指出，词语可以对人体产生物理作用，而且"量子物理学证明了这点"（我想有很多量子物理学家并不同意这个观点）。对此没人能够确定。不过，迟一点我将为你指出臆想狂与真正的科学家之间的区别，你一定会大吃一惊。

最好还是自己观察一下语言对你的影响。

你或许没有发现，在上面的小实验中，我已经悄悄地在语言上对你略施小计。

你还记得这句话吗？——带着笑容默念"我恨你"会让你更不舒服，甚至感觉诡异（当然，在你有点疯狂的时候除外）。——你能读懂这句话真正的含义吗？或许不能。事实上，我所认识的许多老练的说服专家或者影响力大师对我即将传授给你的这条理念也不清楚。

无论你面带笑容说"我恨你"时真实的感觉是怎样的（这种行为或许真的很别扭），真正让你断定这很别扭的关键原因，完全是括号里的那个附加句子——当然，在你有点疯狂的时候除外。读过这句话后，多数人会觉得很难推翻它前面的句子所表达的内容。

事实上你并不是疯子，对吧？这里究竟隐藏着什么问题呢？

未经训练的人很难看清问题所在。即使对于入门者，问题也很微妙。这个陈述的巧妙与特殊之处在于它预设了一些东西。预设（以及双重束缚和其他语言圈套）常被狡猾的说服家们利用[感谢肯里克·克利夫兰（Kenrick Cleveland）在多年前教我学会了识别这招]。

**预设**（Presupposition）：明确的陈述背后隐藏的潜在假设。

这是什么意思呢？

"**当然，在你有点疯狂的时候除外**"，这句陈述预设了如下意义的成立：

> "那些可以做到面带笑容地说'我恨你'却没有感到不舒服的人，一定是疯了。"
>
> 我使用"当然"一词，更强化了这点。我的意思是，你不疯也不傻，对吧？所以你当然会同意我。

发现了吗？我又一次使用了这个技巧。我预设了"如果你不同意我的说法，你就是愚蠢的"这个前提。我又一次使用了"当然"，就像上次一样，我做了同样的预设，但比上次更加微妙——因此，也更加有效！

你或许已经掌握了这个理念的强大作用，或许仍然没有掌握（顺便提一下，纯属娱乐，看看你能否找出上句中的预设话语）。下面的例子会将这点诠释得更加清楚。

请快速翻到第 98 页的卡通插图，上面有一句话是："我们必须阻止他们未来的暴力行为"。

多么微妙而又有力的说辞！（一句常常用来为侵略辩护的话语）。

当它被用来袒护对别国进行侵略的行径时，它预设了以下几点：

我们的攻击行为是正义的；

攻击是防止未来暴力事件的有效途径；

特别是我们的攻击行为，更会取得这个结果。

大多数听众会不假思索地接受这三个预设。它们是否真实，已经不在考虑的范围之内了。看到了吗，为了理解一句话语的表层意思，我们必须在潜意识中假定背后的暗含语义全部成立。

我在前面曾提到，在新西兰的奥克兰我每天早晨都步行上班。

读到这里，你或许会在头脑中勾勒出一幅场景，其中预设了许多信息：

在新西兰有一座办公大楼，我在那里上班。

我可以步行。

在新西兰，有一个地方叫奥克兰。

根据概率统计，你可能从未到过那里（通过了解我的读者群、世界各地的人们、以及新西兰被定为旅游目的地的比率等因素判断）。那么，你怎么确定奥克兰真的有这么一座办公楼？

你并未对我叙述的故事产生任何怀疑，对吗？

我在故事里说的恰巧都是事实，但是我也完全可以将一些极不真实的陈述放在我的故事当中，而你或许连眼睛眨都不眨一下就立刻信以为真。

第二章 隐形墙
阻碍你成功的大脑软硬件因素

作为最具说服力的工具，预设的妙处或者说危险之处就在于它绕开了你的判断。即使你用怀疑主义武装自己，对糖衣炮弹保持警惕，此类陈述依然会绕过你的判断雷达，直接进入你的大脑。

至此，隐形墙的概念或许越发明朗化了。让我们再挖掘得深入些。

对于第98页的卡通插图，一些读者对其潜在的预设信息或许有着不同的看法。由于对语言的敏感度不同，这些预设会产生不同的影响。一位思维敏捷且经验丰富的对话高手或许会说："你的陈述建立在我认为不正确的预设之上，也就是……"（牢记这个句子或许会对你有用）。

但是，即便是一位受过高等教育而且聪明过人的人对语言的掌握也可能没有达到这样的水平。这种受过教育的人会感到非常不舒服。他们会觉得刚才那些话似乎"哪里不对劲"，但是在身处令人投入的现场时（如听演讲或讨论政治话题时），几乎可以肯定的是，他们是意识不到隐含的预设的。

大脑要处理的信息太多了。

此种状态影响之强大，甚至可以在很短的时间内改变一个人的观点。观点被改变的人最初会感到非常不舒服，但另一方面，他们也不得不表示些许赞同。

"是的，或许你说的是对的，但是……"

好，他们已经表示同意了，这时"承诺与一贯性"原则就会趁虚而入。接着要发生的事情可以用一句经典的行销学真理来概括："我们凭情感做出决定，然后用逻辑为我们的决定做辩护。"

正如你所知的，情感只不过是形成看法与做出决定的众多无意识因素中的一种而已。人的大脑非常擅长为他的主人过去的行为和现持的观点做出逻辑论证，即使导致这些行为和观点的过程是无意识的。

那么，我们如何才能夺回对语言的控制权呢？

这得从一个认识开始：

> "地图和实际的地貌是两回事。"
> ——阿尔佛雷德·科日布斯基（Alfred Korzybski,
> 1879—1950，波兰裔美国语义学家。——译者注）

不要忘了：语言本身和语言所描述的物体或观念是相互分离的。不仅和实物是分离的，而且如同我们的世界观一样，这些话语还具有下面的特征：

- ◆ 不完整；
- ◆ 不准确；
- ◆ 被扭曲。

可见，有效的交流是很不容易做到的。想象一下：一个几乎失明的人试图用斯瓦希里语（即作为坦桑尼亚官方语言的斯瓦希里班图语，在东非或中东非被广泛地用作交际语言。——译者注）对一个讲英语的人描述他的所见。在一定程度上，这也可以作为我们日常生活交流的真实写照。

为什么这样讲呢？有3个原因：

- ◆ 我们所看到的是一个不全面的、有所扭曲的画面；
- ◆ 我们用来描述所见的词汇是不准确的；
- ◆ 听者对这些话语的理解或多或少会偏离表达者的本意。

（词汇对思维方式不同的人所传达的意义是不同的）。

我们仍然会因为仅仅听到有人对我们说了一句："哦，你也是民主党成员吗？"就立刻感到与说话者关系亲密。

许多人在初次听到这些理念时会感到有些无助。不用担心，我不久将抛给你一条救生索，但是在感觉转好之前，情况还会更糟。

简单学
*Simple* · ology

那天，他们得出一个结论：史尼奇就是史尼奇（Sneetches）。没有哪一种史尼奇是沙滩上最好的。那天，所有的史尼奇都忘掉了那些星星标志，甚至忘记了他们的肚皮上曾经有过一颗星。

注释：史尼奇是美国著名儿童文学作家苏斯（Seuss）博士的名著《史尼奇及其他故事》（*The Sneetches and Other Stories*）中的角色。

## 第9节

# 贴标签

这是语言的一个特殊分支,是一个值得用一本书来探讨的话题,甚至可以为此在大学里开设一个学科。但是,我们只能用短小的篇幅加以讨论。

下面是戴夫还是 G 党正式成员时,在一家酒吧中与他人的对话。

吧虫 9 号:嗨,我真不知道我们的政府现在到底在做些什么。

戴夫:不会吧,又来了,这次你又要发什么牢骚?

吧虫 9 号:我真不明白我们为什么要与那个名为"我们得到了许多石油"(Wegotlotsaoilya)的政党打仗呢。他们怎么招惹我们了?

戴夫:你疯了吗?!他们的领导是一个疯子,发誓要毁灭我们。

吧虫 9 号:但事实上,他并没有这样说过。那只是一种普遍的曲解。

戴夫：不管怎样，我看还是"疯狂的药片"说得最好——为了我们的安全，我们必须攻击他们！

吧虫9号：但是他们现在当政的总统之所以在位，是因为我们在他上任之前安置了一个残酷的独裁者。这难道不是事实吗？正因为这样，他们才会闹革命，不对吗？他们之前有一个通过民主选举当选的领导，但是我们通过中央情报局搅起一场政变，就是为了阻止他们将石油国有化。

戴夫：你这个纨绔子弟，什么毛病？难道你不爱国吗？我真不敢相信你在帮那些家伙说话！你怎么可以与敌人为伍？

吧虫9号所说都是事实，但是他却不知道该如何回击戴夫，只得闭嘴。

事实上，戴夫并没有仔细听吧虫9号说的话。如果听了，他还能了解一些真实情况，但是通过贴标签（指随便给各种人和事定性，并冠以褒贬名号。——译者注），他封杀了任何进行理性对话的可能。

是什么在作祟呢？

两个分量很重的标签被抛出来："爱国者"和"敌人"。仅就这两个名称的威慑力，我们就可以写出一篇博士论文了。

首先，我们在情感上被束缚了。合上眼睛，分别想一想这两个标签，它们带给你什么感觉呢？"爱国者"可能会使你感到心里暖暖的，有些迷糊的感受。你或许会想到你们国家的国旗，以及历史英雄们的雕像。"敌人"或许会使你联想到战争，甚至邪恶的外族侵略者。

当我们的情感被调动起来后，我们的所想和所为就很难理性了。承载着情感的语言通常具有这样的作用，而标签的影响力还远远不只这些。

在这个例子当中，这两个标签包含了毁灭性的预设。也就是说，戴夫的诽谤预设了很多内容。其中，下面两条最为重要：

◆ "我们得到了许多石油"党是我们永远的"敌人";
◆ 如果你列举一些可能有利于"敌人"的证据,你就不是一个爱国者。

但是,最阴险的是其中隐含的微妙的双重束缚,也就是:

你最好同意我的观点,否则你就不是一个爱国者。

或者说:你要么支持我,要么支持敌人。

因为吧虫 9 号没有掌握一定的语言学工具(读完第三章你将掌握这种工具)来分解以上话语,所以他别无选择,只能停止辩论,尽管他对此很不高兴。

为什么呢?为了自己话语的一贯性,他不愿意说自己错了;但是他也不希望自己成为不爱国的人。这种精神压迫往往会导致双方拳脚相向,甚至更糟的后果。

我们给自己的标签也会与希望保持一贯性的倾向相结合,从而误导我们的头脑。

请看这样一个陈述:我是一个基督徒科学家。

无论你头脑中对基督徒科学家的定义如何,它大概都会包含一系列的特征。你本身可能并没有这些特征,但是一旦你对自己贴上了"基督徒科学家"的标签,你很可能就会在自己身上发展这些特征。

当你为自己贴上特定的标签后,它就会改变你的行为,不仅如此,当你为他人设定标签时,它还会影响你对他人的判断。为什么呢?标签,从定义上来说就是错误的。

如果你能充分领悟上面的话的内涵,你就会产生怀疑:"真的如此吗?"下面几节将非常明晰地证明:事实的确如此。

与此同时,还有一种隐形墙似乎很难克服,那就是植根于你头脑中的"错误思维"。

简单学
*Simple* · ology

第10节

# 错误思维

即使我们已经掌握了语言的奥妙,并能敏锐地察觉各种影响力,我们依然会从自己的所见所闻中得出不恰当的结论。

让我们再一次到酒吧寻访戴夫。他正在与吧虫1号争论上帝的存在问题。戴夫,除了拥有其他身份,还是一个无神论者。而吧虫1号信仰基督上帝。

吧虫1号:伙计,你怎么会不信仰上帝呢?你认为你死后将会怎样呢?难道你认为自己就会不存在了吗?

戴夫:是的,我就这么认为。那的确很悲哀,很不幸,但这就是事实。

吧虫1号:这太悲哀了,伙计。

戴夫:的确如此。但事实上你的信仰只不过建立在你读过的某本书上,你并不知道上帝是否真的存在。

吧虫1号:好吧,那请你回答我一个问题。

戴夫:问吧。

吧虫1号：你相信乔治·华盛顿是美国第一任总统吗？

戴夫：当然。

吧虫1号：哦，那么请问你是怎么知道的呢？

戴夫：我读过的书里有记载！

吧虫1号：在书里，对吧？

戴夫：但这不是一回事啊！

吧虫1号：无论怎样，谢谢你证明了我的观点。

是的，他是对的。戴夫也是依据书本形成了自己的观点，他感到哪里不对，但是却无能为力。

傻子第二天走进酒吧，戴夫向他咨询。

傻子：我的天，伙计，难道没人教过你逻辑谬误吗？

戴夫：那是什么？

傻子：那很能说明问题。

戴夫：哦，请指点一下我吧！

傻子：你想想那个吧虫所下的结论在逻辑上是否成立？

戴夫：什么意思？

傻子：分解一下。他的辩解可以分解为以下几个逻辑命题——

- ◆ 《圣经》说上帝存在；
- ◆ 《圣经》是一本书；
- ◆ 你的信仰建立在一本书的基础之上；
- ◆ 因此，你不得不相信上帝——书上的结论。

戴夫：哪里错了呢？

傻子：嗯，让我们更换某些信息使它不成立。比如，你同意下面的陈述吗？

## 第二章　隐形墙
阻碍你成功的大脑软硬件因素

- 《星球大战》(*Star Wars*) 上说达斯·维达 (Darth Vader) 是卢克·天行者 (Luke Skywalker) 的父亲；
- 《星球大战》是一本书；
- 你的信仰建立在一本书的基础之上；
- 因此，你不得不相信达斯·维达的确是卢克·天行者的父亲。

戴夫：哦，我明白了。

傻子进一步解释说，对逻辑谬误的研究可以识别出一些普遍的错误思维模式。吧虫1号犯了"无效演绎"的错误（先记住这点，第三章将对此作详细论述）。在其他辩论中，吧虫1号还犯了如下错误——

**1. 诉诸未知**（Appeal to ignorance）：逻辑谬误的一种形式是把一个命题尚未被证实当做这个命题错误的证据。"证据的缺失并非证伪的证据。"

吧虫1号会说："你没有证据证明上帝不存在，因此，上帝就是存在的。"然而，运用相同的错误逻辑，你也可以争论说："其他星球上没有生命存在。在过去数千年里，无数令人仰慕的科学家做了那么多调查研究，从未发现一丝一毫的证据能够证明地球以外的星球上有生命存在，从来都没有。不仅美国宇航局没有发现，爱因斯坦也没有，任何人都没有。"

这听起来非常有说服力，但它也是十足的废话。

这个陈述不仅利用了未知，同时也利用了另一种常见的逻辑谬误，叫做——

**2. 诉诸权威**（Appeal to authority）：把某个权威对一种观点的支持当成它成立的有效证据。

然而权威也可能是有错误思维模式的人，正如你一样，他们也会犯错。因此，将论点的成立诉诸于权威是错误的。

  戴夫：真不错！
  傻子：对，这是很有力的工具。
  （他们碰杯了）。
  戴夫：你知道吗，伙计，能有一个跟我一样信奉无神论的朋友在身旁真好。向那些笨蛋解释这些道理实在是太难了。
  傻子：嘿，事实上我就是一个基督徒。

这里又出现了另一种常见的谬误：

**3. 事后归因**（Post hoc ergo propter hoc）这种逻辑谬误是指：因为一个事件发生在另一个事件之后，所以前者就被认定为原因。
  这有什么错呢？如果某件事发生在另一事件的后面，你依此推断前者是后者的原因，这难道不妥吗？
  设想一下你喝了些牛奶。一个小时后，你感觉胃痛。你喝了变质牛奶？很多人或许会匆忙下此结论，但显然这不一定是真正的原因。许多东西都可以导致胃痛（你所吃的其他食品，所吸入的气体等）。多数人对这个例子看得很清楚，并认为，"我不可能犯这样的错误。"
  不要太肯定了。在电视"新闻"节目中（我在"新闻"二字上打了引号，是因为现今播出的许多新闻打着客观的幌子，实际上却在争议声中披上被美化了的宣传外衣），你常会听到这样的宣传：
  自从"向你许诺整个世界"（Promiseyoutheworld）总统上任以来，经济一片混乱！你怎么能称这样的总统为好总统呢？难道你不关心我们后代的未来吗？你怎么能昧着良心鼓动大家选举他这样的人呢？
  其实我们并不清楚"不景气的经济"是否一定是这位总统所致，它也可能是由很多其他因素造成的。这个陈述还有其他的问题，你能看出来吗？优秀的语言学家或逻辑学家最喜欢分析这种问题了。

这样做非常有用，但会使我们偏离讨论的主线。让我们再看另一条线索——

**4. 诉诸情感**（Appeal to emotion）：一种借用情感而非逻辑来说服听众的论述方式。

某人对某物或某事的反应激烈，并不意味着事实真的如此。但是，这类情感恫吓是非常普遍的。令人震惊的是，这种手段被频繁地应用于本应客观公正的新闻节目。

有趣的是，这些错误思想恰恰也是一种施加影响的方式。说服者会利用你对逻辑认识的匮乏来达到欺骗你的目的。

下一次，当你观看政治演说或新闻评论时，看看你能否识破其中的谬误。多数人不会这么想，他们只是被动地观看，然后在不知不觉中受其感染，而对其中的计谋一无所知。

这些只是多年来发现的各种形式的思维谬误的一小部分。还有很多其他的，你应当用心多了解一些。

---

**谬　误**

关于这个主题，我迄今为止能找到的最好的资料来源是下面这个网站：http://www.fallacyfiles.org（如果我是你，我会经常访问）。

该网站不仅提供了我所见过的最详尽的有关各种谬误的介绍，而且它还将这些谬误进行了独特的等级划分，将其归纳分类。

你不可能一口气将这些全部掌握，所以我建议你不时到这个网站浏览一下，你将会感到，你在把握周围世界方面越来越得心应手了。

简单学
*Simple* · ology

第11节

# 伪科学

**当**你把影响力与错误思维结合到一起,你将得出什么结果呢?

下面让我们来谈谈伪科学,伪科学是指一套知识体系,它披着科学的外衣,却没真正依赖科学的方法——相反,它通常依靠的是信仰。

## 伪科学有何表现

追溯到开发蛮荒西部的时代,一些招摇撞骗的人坐着四轮马车,到处兜售能够"治愈困扰着你的任何痛苦"的蛇油。这些四轮马车从一个城镇游荡到另一个城镇,当人们意识到上当时,已无处讨回被骗的钱财了。

可信度受质疑的医生,从未真实发生过的科学实验……这些都是伪科学的典型特征,迷惑着人们相信某种产品有效。

今天的蛇油小贩比从前更狡猾了。伪科学依然是他们首选的武器,但是他们还用一些迂回的说服手段对其进行包装,以增强效果。

比如,与其搬出某位医生作为权威,他们现在发现还不如推出"无所不知的神"，这个神的先知就是由这些小贩们担任的。这种诡计的影响力是可怕的。凡人的智慧可以被质疑，但是神灵的智慧呢？谁敢质疑？

一旦你把他们的神谕接受为真理——他们的一点雕虫小技就会使你在听了一番温暖的陈词滥调后，主动点头赞成——你就会很容易相信他们所说的一切。一旦你相信了，你就从根本上放弃了自主决定的权利，并把这个权利交给了这些自称能通灵神谕的小贩。

你当然会买下他们的磁带或者神奇的豆子。

伪科学的另一个标志就是对信仰的依赖。当今大多数伪科学都宣称"你必须有信仰"，不然照这个方法就不能发挥它的作用。这其中有什么不对劲的吗？让我们来考察一下……

## 伪科学如何占领你的头脑

一天，戴夫来到当地新开的一家小商店。

戴夫：（拿起一个闪闪发光的东西）嗨，这是什么？

售货员：这是双重通用协调保护芯片（Dual Universal Harmonizing Protector Chip）简称 DUHP 芯片。据说它能治愈人类的所有疾病，还可以提高你的网球技术！

戴夫：听起来是高科技。

售货员：的确如此，它是以量子物理学为依据的！

戴夫：哇，那可就包含科学理论了？

售货员：当然啦！它是建立在我们对"宇宙原理"的最新理解基础之上的。

戴夫：啊，我还不知道有宇宙原理这回事呢！可能是我孤陋寡闻吧。那么你们有没有具体的科学研究证明这个原理可行呢？

售货员：哈！你对宇宙原理了解得太少了。为什么你要求每件事情都要经过科学研究呢？你小时候是不是常挨打？

戴夫：我刚刚听你介绍说它是有科学依据的啊。

售货员：但它并非你想象的那样。你还有很多知识需要学习。这种芯片是在深居于巴基斯坦大山中的"我要你的钞票"博士的理论基础上发明的。而"我要你的钞票"博士是世界上最受尊敬的量子物理学家！帕丽斯·希尔顿（Paris Hilton）购买了一个，同时给她的狗也买了一个。

戴夫：OK，我想我也买一个试试吧。

于是，戴夫将 DUHP 芯片买回了家，并尝试使用。按照说明，他将芯片缠绕在头上（忍受着酒吧里同伴们的嘲笑），他似乎真的"感觉好点了"。一定是 DUHP 芯片发挥了作用！

几星期后，戴夫感冒了。于是，他又绑上他十分信任的 DUHP 芯片。几天过去了，他依然没有好转。于是，他再次来到那家商店。

戴夫：我想我的 DUHP 芯片可能坏了。我已经病了三天了，但它似乎没有任何帮助。

售货员：(仔细查看了一下) DUHP 芯片没问题，一定是你的使用方法错了。

戴夫：但是，我是按照说明书操作的。

售货员：那么，你有没有消极的想法呢？

戴夫：嗯，是的，我想我有。

售货员：你真傻！DUHP 芯片会以量子级数放大你的思想！如果你在佩戴芯片时，头脑中有消极念头，你可能有生命危险！

戴夫：哦，不，瞧我做了什么啊！

售货员：我这有另一件商品，可以助你驱除消极思想。

戴夫：哦，谢谢，谢谢。

于是，戴夫尝试了这款促进积极思想的产品。几天之后，他的感冒的确好了（感冒自有它的周期，但是戴夫却坚信这都有赖于他所信赖的 DUHP 芯片以及他的积极想法）。

一年以后，戴夫被检查出患有癌症。

他又来到那家商店，咨询求助。

戴夫：我发誓我的思想一直都很积极乐观！

售货员：哦，可能你自认为乐观，而事实并非如此，我见过很多类似的情况。

戴夫：我发誓我一直都积极乐观，我发誓。你确信你们的那套宇宙原理是正确的吗？

　　售货员：什么？你怎么敢质疑宇宙原理呢？这些原理是不可动摇的。它们早在远古时代就存在了。当今每一位科学家都认可它。并不是原理有误，而是你的思想错了。我想你需要参加我们的乐观思想训练营了。

　　读到这里，你可能会问："乐观的思想哪里有错？再怎么说，它也不可能有害啊！"这可能是对的。已经有一些有趣的证据，证明我们的思想对我们的健康有一定的影响。那么，问题出在哪里呢？

　　**首先，我们不知道它在多大程度上是正确的。**也就是说，或许我们的思想对外在世界和我们自身的影响比我们想象的要大；或者它对我们身体的影响很微小，但是它的作用机理仍然未知；或者这些情况都不是真的，我们不知道就是不知道。

　　许多传授"乐观思想"或"吸引力法则"的人，往往显得很僵化、教条化。乐观思考本身并没有错，错的是对世界教条化的认识——尤其是这些观念固化后，很可能会导致危险的决定（比如当生命危在旦夕时，把希望寄托在一种不可靠的所谓新时代发明的小玩意儿上）。

　　而且这些产品或器具大多要求你有意念，或者借助"思想的力量"来取得一定的效果。

　　这是否真的很糟糕？坚持信念又错在哪里呢？

　　对于这个问题，我只说两点：

　　**首先，你可以针对任何东西说"信则有，不信则无"。**我可以在我的花园里找一些木屑，然后美其名曰"量子自然净化粉"进行出售，谎称只有当你相信它们有作用的时候，它们才会起作用。然而这不是科学——这是信仰。如果你知道你的产品没有任何效果，你仍然声称它们有——这种行为就是纯粹的欺骗。

　　**其次，如果是信仰，就说那是信仰好了。**问题是，他们贩卖的是宗教，而不是科学。

为什么不诚实呢？问得好。这些产品的销售商花费了大量的时间去编织美妙的谎言——他们显然尚不明白：他们原本可以花费这些时间和精力去研制一种真正有效的产品，从长远考虑，可以挣到更多的钱。但也不能一概而论，他们当中有些人或许真的相信自己那套伪科学。我不知道下面这些人是否如此……

## 案例研究：胡扯——伪科学的一个绝招

伪科学还有一种更加微妙的形式，就是有意地歪曲或者错误地阐释真正的科学。戴夫·艾伯特（David Albert，哥伦比亚大学哲学教授。——译者注）博士正是这样谴责邪教电影《我们到底知道多少》（What the Bleep Do We Know）的。

令人惊奇的是这部电影居然援引了艾伯特博士的评论，支持这部电影所要传达的观点，这些评论被编辑成他不喜欢的样子。

那些观看了影片的人走出电影院时，认为他们对量子力学——这个早已被全球科学权威认可的理论——有了深入的了解。然而，如果你深入分析，就会发现电影中作为"事实"来展示的"科学"，实际上是许多人眼中的垃圾科学——没有双盲研究（double-blind studies），也没有同行评审的支持。

如果进行更深入的探索，你就会发现影片中有位最具权威的J.Z.奈特（J.Z.Knight）女士。哦，稍等——我说的是蓝慕沙（Ramtha）。

你看，真正的权威并不是J.Z.奈特，而是那位上了年纪的超人——蓝慕沙——她在引导着电影；就连电影的制片人也是她的崇拜者。

根据蓝慕沙的观点，"旧"的看世界的方式是错误的，"新"的方式才正确，而且，我的上帝，竟然有一大堆科学家竞相呼应，积极地证明此观点。

说到这里，肯定有许多该影片的影迷对我大为恼火。我这样说是否有失公允呢？让我们看看……

这部电影暗含的一个观点是，在你身体上写上积极乐观的字眼，就可以治愈你的疾病；这种观点是相当不负责任的，具有其危险性。

> 抛开所有的消极想法，并相信那些量子颗粒会迅速集结在你的周围，而形成你所创造的现实。

注释：在"J.Z.奈特对奈特"的法律诉讼中，她的前夫（J.Z.的前夫，而非蓝慕沙的；我最好谨慎些，以免自己也惹上官司）声称他把常规的艾滋病治疗推迟了几年，因为他相信J.Z.（不，我是指蓝慕沙）的古老疗治方法能够治愈他。由于他已经去世，有没有治愈我们不得而知（你猜对了，他死于艾滋病）。"或许是他太早放弃信仰的缘故。如果他能坚持得再久一些，或许……"（我似乎听到了蓝慕沙的追随者们的声音）。

嘿，我也希望那能起作用！

如果真的如此，我愿意充当那个在自己身上写字的傻子，但是这样做真能起作用吗？

如果你属于相信此种方法会起作用的人，那么让我们来检测一下你的信仰。

如果你不幸患有危及生命的重病，你是否会在求助其他方法之前，先尝试用这种方法治愈自己呢？（认为医疗机构就不会犯重大错误的想法是不对的——尤其是当医院只注重用药物治疗而忽略了强调以好习惯来预防的时候——但是如果你需要做三重搭桥手术，你是愿意给蓝慕沙打电话，还是给一位已成功治愈近 1 000 例心脏病的外科医生打电话呢？）

让我们更直截了当些：电影《我们到底知道多少》中被"科学所证明"的结论只不过是被伪装成科学的信仰。

让我们再看两个例子：

首先让我们讨论一下这部电影里的一个结论：你的大脑能够凭空创造现实。

该影片展示了量子物理学中一些奇异而又有趣的谜题，然后仅凭着他们的信仰，大胆地做出了高度跳跃的论断。

比如，著名的"双缝干涉实验"（dual-slit experiment）以及其他实验都证明：观察者对观察对象会产生影响。[以下是一些闲暇时可通过 Google 搜索的关键词：哥本哈根阐释（Copenhagen interpretation）、双缝干涉实验、薛定谔的猫（Schrodinger's Cat）]。

《我们到底知道多少》用这些实验作为"理论支持"，来证明我们创造了我们自己的现实。宇宙之谜就这样被破解了！然而事实是，这些实验展示的更多的是疑问，而非答案。

科学家们对"双缝干涉实验"的诠释还存在着分歧：一些人怀疑这项实验不过证明了现有的测量及观察方法的局限性。

或许我们的确创造了我们的现实，但不要欺骗我们世界上所有的科学家都这样认为（我们应该抵制那些政治煽动家；他们试图打着伪科学的幌子，想通过威吓让我们相信他们的理论）。

真正的问题在于它是我们难以证实或证伪的论断。

我也可以声称"恐龙巴尼是上帝"，但我不能证明或否定它的真实性。我们可以把这称为"关于巴尼的宗教信仰"，而不是"关于巴尼的科学"。

下面是一则非常有名的胡扯论断，常常被励志书作者和玄学专家提及："你的头脑无法区分看到的内容与记忆的内容之间的差别。"

在这部电影里，这则信条是由约瑟夫·迪斯潘萨（Joseph Dispenza）提出的。

约瑟夫·迪斯潘萨？他是什么人物？——一个按摩疗法医生。这个发明没能让他成为精神生物学方面的权威，但是我们能给他一个机会。

迪斯潘萨博士展示了几幅正电子发射的 X 射线断层摄影术（positron-emission tomography）的扫描图片（即 PET 扫描图片），以此为"证据"证明人的大脑无法分清所记忆的内容与所观察的内容。

他"准确地"指出，当你观察一个对象和记忆这个对象时，大脑的同一区域会有亮光闪动。

哈利路亚，问题终于算是解决了吧？

没那么快呢……

作为证据，这些扫描图片并不能无可争议地支持了这个论断；除此之外，还有一点被忽视了：与这个论断相反的明显事实。也就是说，其他的 PET 扫描图片显示，大脑在记忆与观察时表现出明显的不同。比如在 PET 扫描图片上，观察时大脑发出的亮光比记忆时要强很多。

我们还可以再继续深入，但是没有这个必要了。只是我们要明白，电影《我们到底知道多少》所展示的看似毋庸置疑的理论，大多并非如此。

如同所有的伪科学一样，这部电影给人以科学的表象，也就是穿着科学的外衣，实质却以权威和信仰作为依据。如果某人想要从信仰或权威性的角度说服你相信某事，这就已不再是科学了——而是影响力。它带来的结果是信仰，而非灵活的、真正意义上的科学思想。

"嗨，那又有什么不对呢，马克？或许信仰对现实的确有某种影响。"

这点没错。但即使如此，也不能说明蓝慕沙及其忠诚的追随者们是正确的。谁知道呢，或许信仰对现实确实有影响，或许没有。或许只是某种程度的影响，但是这种程度又有多大呢？让我们花点时间考察一下这个问题。

## 信仰的治疗能力

你仍然可以到处使用这句话："你必须相信……"

我可以把我后院里的一块石头卖给你，并对你说："这是一块神奇的石头，它会使你快乐，但是你必须相信它具有这种特性它才能发挥作用。（对不起，我的木屑已经卖完了。）"从某个角度来讲，如果你相信了，它或许真的会有一定的效果。

早在1785年，科学家就已经发现了一种非常有趣的现象，他们称其为——

**安慰剂效应**（The placebo effect）：一种完全无药理作用的疗法有时候也能产生积极的治疗效果，但是这要求患者对这种疗法有坚定的信念。

这是一个意义深远的发现！

这意味着什么呢？意味着惰性的物质也会对身体产生积极的效果，只要你相信它会？

对，正是此意。实际上人们已经公认，在对药物进行科学研究时，必须采用双盲（double-blind）方法，消除这种安慰效果所带来的影响。

另一个不为人熟知、与此相对的推论是——

**反安慰剂效应**（The nocebo effect）：由于病人的消极想法导致治疗的效果不理想。

从戴夫的事例来看，很可能在最初的时候，戴夫身体状况的好转与DUHP芯片有关，在一定程度上就是安慰剂的作用。

我们只能说：也许是这样，也许不是。我们不要不懂装懂，不然会自找麻烦。这种安慰效果非常有趣，原因有两点。

首先，许多笃信怀疑主义的人，在没有进行充分分析和理性探讨之前，就会立刻排斥任何新型的或者有违常规的疗法。"你难道傻了吗？那显然是一种安慰效果！"

他们退而固守自己的感觉，并自鸣得意于智力上的威力。

但这仍然不是科学，仍然是信念在作祟。

为什么呢？

因为他们得出的判断没有任何其他的根据，无非是他们的信念，那就是："只要没有被我所信任的科学数据证明的东西，都是无稽之谈。讨论结束！"

伪科学表现为如此多样的形式，很有趣不是吗？那些盲目的怀疑论者其实是另一种类型的"坚定的信仰者"——他们憎恨那些信奉他们所不认同的观点的"坚定的信仰者"。他们的行为有点类似于不假思索、毫不犹豫地给"不站在我这边的自由斗士"统统贴上"恐怖分子"的标签，而不管其有无恐怖企图。

另一个滑稽的地方是，那些信奉"信仰有疗效"的人，会做出一些意义深远的事情。比如说……

## 伪科学的真正讽刺

比教条化地将"信念的价值"拔高吹嘘更为高明的做法是对安慰剂效应进行分析与解构。

*安慰剂是如何起作用的呢？*

*我们能随时受益吗？*

*有没有办法强化它呢？*

这或许能成为有用的学问——如果我们以灵活、理性的方法去研究的话。

然而事实上，无论是怀疑论者还是信奉论者，都对大众做了无益的引导，都没有教大家如何自己去寻找这些问题的真正答案。

也有少数人以真正科学的态度提出这些"怪异"的问题。

鲁珀特·谢尔德瑞克(Rupert Sheldrake)，就是这些人当中的一位。谢尔德瑞克提出了一些离奇的问题，而这些问题的答案往往很深刻。

比如，他曾经质疑"被注视的感觉"是否真实可测。

我们都"有种感觉"——这是存在的。果真如此吗？

谢尔德瑞克在他的电影《改变世界的7个实验》(*7 Experiments to Change the World*)中演示了他是如何通过实验来验证这种感觉是否可测的，以及我们自己如何简易地尝试类似方法。一旦有人做出演示，这种现象存在并确实可以被测量的事实就非常具有说服力了。

通过研究这种现象和其他类似现象（比如宠物是如何知道主人即

将回到家中；一些宠物如何能够从万里之外返回家中等等），他归纳出概括所有这些现象的理论："形态共振"。

这种共振或许存在，或许不存在。谢尔德瑞克的与众不同之处在于他像一位科学家那样公开地对它进行检验（他只是将其看做一个模式，或许合理，或许不合理），并且提出了一个深刻的问题。

### 愚蠢训练

虔诚的信仰者与纯粹的怀疑主义者之间的对话，并非真正意义上的对话。那只不过是两个固执己见的人，竭尽全力地维护各自的立场而已。

它不是观点的交锋，而是一场捶胸顿足的叫嚣比赛。谁的呐喊声最高，谁使用了更高明的说服技巧，谁就获胜。

当人们以这样的方式辩论，并被标榜为"理性的对话"时，它便给大众一种错误的印象，使他们觉得理性的对话大概就是这个样子的。

如果没有见识过两个追寻真理的人之间没有自私立场的理性对话，他们就难以得到正确的认识。

此类伪智慧的对话，也常见于新闻辩论节目中。

愚蠢训练在今天的社会里比比皆是。

许多传统的科学家会排斥这些理念，视其为"胡言乱语"，认为不值得拿来做科学研究。我更愿意认为这不是这些科学家内心真正的声音，而只是避免被业内人士排斥的自我保护。这是群体观念在作祟。

而事实上，这恰恰是谢尔德瑞克经历过的，如同过去的许多科学家一样。一些科学家将他的工作完全斥为伪科学，我认为非常不公平。我并不是想攻击那些曾经尝试摩擦两块水晶，看看是否会有 1 美元出现在他们慧眼之内（印度教认为人的眉间有能洞悉一切的第三只眼睛，称为慧眼，亦作眉心轮。——译者注）的人。

当然，我也不是要打击任何人的信念。我想说的只是：我们需要像科学家那样审视信息！

也就是说：实事求是。不要让你的信念影响你的判断结果。

如果此路可行——很好；如果行不通——尝试其他路径。

要诚实。

如果那是你的信仰——接受它。

但要清楚两者的不同之处。

**记住：科学依靠的不是信念，而是观察。**

要明白：当你决定相信什么时，你已经放弃了一小部分（也可能是很大一部分）控制权。

信念的另一种表现便是愚昧——在当今市面上兜售"愚昧"的人随处可见。

归根结底，伪科学带来的问题是，它会在你的头脑中铸就更多的"隐形墙"。对权威的盲从导致你的头脑有空可钻，伪科学会将一个特洛伊木马安置其中，而木马一肚子错误信息。

伪科学的驾驭者们这样做的目的是为了在某种程度上控制你，以便向你销售商品，要么就是拉你加入他们的团伙（顺便提一下，团伙只不过是向你销售或宣传商品的一种复杂工具罢了）。

同样的手腕也被政府和企业使用，在这些情形下，伪科学被称为——虚假信息。

## 第12节

# 虚假信息

**将**影响力和蓄意欺骗相结合,你会得到什么?

**虚假信息是故意的假情报。**这是一种分布极广泛的"隐形墙",值得用一本甚至几本书来做专门探讨。

为什么它如此盛行呢?让我们来挖掘背后的原因。

纵观历史,政治领袖们都深刻理解意识形态的威力。如果你控制了一个人的精神世界,你就控制了这个人。这种做法今天依然存在,并且更为盛行。

"认知管理"是美国军队炮制的一个词汇,指的是为达到某种特殊目的而篡改信息的行为。

这听起来似乎是新的高科技精神控制,但实质上没任何新奇之处。

公元前6世纪,孙子在《孙子兵法》中提出:"必索敌人之间来间我者,因而利之,导而舍之,故反间可得而用也;因是而知之,故乡间、内间可得而使也;因是而知之,故死间为诳事,可使告敌。"(敌人派来刺探我方情报的间谍,要加以收买利用,引导放归,这样反间才可以为我所用;通过反间,知道敌人的真实情况,这样乡间、内间

都可以得到和使用了；也因为知道了敌人的真实情况，便可以让死间制造虚假信息，传给敌人。——译者注）

公元 5 世纪，神奇的"36 计"降生出世。没人知道它是谁编写的，但在直到今天，中国的"36 计"仍被广泛地研究。从本质上讲，它们就是通过 36 种途径，向"敌人"隐瞒你的企图。

时间推进到公元 15 世纪，马基雅维利（Machiavelli，意大利思想政治家、历史学家。——译者注）的《君主论》（*The Prince*）诞生，这是一本指导君王如何欺骗大众、欺骗敌人、以及盟友的政治指导书。

直到今天，一切并没有发生变化。欺骗民众和敌人的行径依然存在，且十分盛行。

或许有人会争论：公众没有时间去细细推敲每一个政治决定中复杂的深层意图，以及政策实施过程中的每一处细节，因此，适当的"认知管理"是可以的，甚至是必要的。

或许如此吧，但是它也可能是一个滑坡谬误。（一种逻辑谬论，即将一些事情执著于一点，然后无限引申出没有关联的事情，以达到某一种结论。——译者注）

一旦你怀着最好的意图对信息做了微小的篡改，接下来会发生什么？如果我们可以对信息做微小的改动，为什么不可以做更多的改动呢？所有这些都是以大众利益为名，不是吗？

这种篡改的极端形态就是——

**散布虚假信息**（Disinformation）：有意传播错误或不真实的信息以达到预期结果的行径。

"噢，乔伊纳不是反政府颠覆分子吧？"

让我们来找出真相。

在你将我斥为内奸之前，请先做一点调查。我虽然不知道你们是谁，来自哪里，但是有一种可能性是存在的：那就是你们的政府过去曾经有意地欺骗过你们，也曾被识破揭发，但将来还会再犯。

如果你居住在美国，而你又是民主党，你可能会强烈地怀疑共和党曾经欺骗了你；相反，如果你是共和党人，你也会对民主党怀有同样的疑心。你的怀疑甚至成为一种深刻的信仰。

给你一个提示：你是正确的。美国两大主要政党的领导人都曾被揭发向美国民众散布了最可耻的谎言。同时，我们还发现一些"同盟国"也曾欺骗我们。此类案例即使在将事实深深隐藏起来的历史书上也有迹可循——不只是在那些关于密谋的章节（我在此略去具体的例子，以免滋扰了某些党羽。你可以依据众多材料自己研究一番）。

需要指出的是，当"散布虚假信息"的技巧被"敌人"（这里的"敌人"可以是任何不与我们"站在一起"的人）掌握，用来欺骗我们的时候，我们会比较敏感；但当它被用来支持我们所相信的内容时，我们很可能将其忽略。

稍等一下，我怎么能下这样的断言呢？究竟什么是谎言呢？发表这番言论，我是否有臆测他人动机的嫌疑？我怎么可能了解他人的动机呢？

很好，你已经在思考了。

我不能（揣知他人的动机）。

我们明明知道政治家们在说谎话，却无法断言他们是有意而为之。或许那只是一种无意识的错误。

要想清楚具体地了解每一位政治家的动机或真实意图几乎是不可能的（尤其在缺乏大量有力证据的情况下）。但许多书籍，如《孙子兵法》和《君主论》等，都足以证明利用虚假信息这种手段的真实存在。

证据还不够充分吗？

那么下面这则呢——

以色列情报局 Mossad（一个世界著名的情报机构，与 CIA 和 MI6 等情报组织齐名。——译者注）甚至使用过这样一句话："战事必用诈"。

这是中央情报局前任执行官维克托·奥斯塔夫斯基（Victor Ostrovsky）所言。维克托的书《欺骗的道路》（*By Way of Deception*，1991 年）出版后，以色列政府试图阻止该书在美国销售，同时竭力澄清，书名只是对色列情报局曾经用过的秘密口号的曲解翻译。

顺便提一下，这是历史上首次出现一个主权国家阻止一本书在另一个主权国家发行的事件。幸运的是，它失败了。

为什么我说"幸运"呢？

因为即使我无从判断维克托所说的是否属实，但不论如何，我非常开心的是，舆论自由在美国如此强大，阻止了对出版这本书的破坏行为（至少在那次事件中是这样的，现在或许并非如此了）。

事实上，所有这些都有可能是有预谋的愚蠢而疯狂的行为。

有趣的是，世界各地的史书编撰者对相同历史事件的描述有着千差万别。

## 第二章 隐形墙
### 阻碍你成功的大脑软硬件因素

一个国家的历史书不可能清楚确切地记录自己曾经犯的错,至少和其他国家(尤其是与它不甚友好的国家)的记录是不大一样的。

"显然他们在说谎,他们在说我们的坏话!他们存有偏见!"

猜猜会发生什么情况:对方也会以同样的话语评论你。如果你是一个美国人,你可能非常熟悉阿道夫·希特勒(Adolph Hitler)大放和平烟幕弹,最后突袭波兰的故事。我们把它作为事实进行描述,人们也就这样接受了。

看看你是否能够接受下面这则故事里对"散布虚假信息"的描述:

> 北部湾事件通常被看做是引发越南战争的导火索。对此事件的标准叙述是,1964年8月4日,美国海军驱逐舰遭到越共鱼雷快艇的袭击。

看到了吧,这可是"他们"发起的。当真如此吗?

上述事件发生时,海军上将詹姆士·斯托克戴尔(James Stockdale)——那时他还是一名飞行员——正驾驶飞机在海湾上空巡逻。1984年,他在其著作《爱情与战争》(In Love and War)中写道:"我坐在一个最佳位置观看整个事件。我们的驱逐舰只是在射击虚拟目标——没有任何鱼雷快艇……除了深色的海水和美国的火力,什么也没有。"

他证实,1964年8月2日确实有一次合理的有据可查的袭击;但是8月4日的事件的确如同他所描述的一样。

或许这并不重要。他们在2号袭击了我们,对吧?捏造另一次袭击又有什么不可呢?

如果我们是正义的,有什么必要说谎呢?

根据五角大楼文件，政府不仅知道斯托克戴尔的描述属实，而且还命令他保持沉默。

五角大楼文件？对，那是一份长达 7 000 页的绝密文件。它由国防部长罗伯特·麦克纳马拉（Robert MacNamara）起草，并且永远不会公诸于众。

此文件的官方标题为《美国与越南的关系（1945—1967）：国防部研究资料》（United States-Vietnam Relations, 1945—1967：A Study Prepared by the Department of Defense），其中十分明确地指出约翰逊政府有意扩大其在越南的势力——并非因为受到了"挑衅"。此文件被国务院前雇员丹尼尔·埃尔斯伯格（Daniel Ellsberg）泄露给了《纽约时报》。

在你所处的环境中，你很可能也会记得一些与"敌人"有关的"散布虚假信息"的其他事件。在你的国家，这样的记述也许是可以接受的，甚至是一种爱国的表现。

如果你举证自己的国家"散布虚假信息",你可能会被认为不爱国甚至是叛徒而遭到排斥。事实上,一些美国人读到这里或许会认为,提及此类事件都是不负责任的。

既然形象决定一切,或许信息的发布的确应当受到管控。而像我这样的人,如果知道一些不光彩的事情,应当三缄吾口。

### 马克·乔伊纳究竟支持哪一方呢

不管你刚刚读到了什么,我天生倾向于支持美国,因为我是一个美国人。我曾经是一名美国军官,一名美国军事情报机构的执行官(甚至是高级官员),这些经历促使我这么做。

我的观点是:一个国家必须要始终处于"不断革新"中,即国家的控制权要在不同群体、不同利益集团之间不断变换。国家的体制,正如它本身旨在达到的目的一样,应当避免任何个人或团体拥有过多的权力。

这被看做是一种可以保护人民的方式。更重要的是,持续变革的表象可以防止人们产生不满情绪。它使人们有更加强烈的参与感。

这是一个不错的想法,或许也是最好的想法之一。

但是,对这种体制的效用的信任并不能阻止人们对执政者的意图产生怀疑。

同样,这种体制也不意味着任何时期的当权者都确实可信,而且他们有时也容易受到外界利益的影响(包含但不局限于以下的范畴:公司、银行、利益集团,甚至外国政府)。

有人或许会争论,麦克纳马拉和约翰逊(Johnson)总统都是高瞻远瞩的人物,他们看到更广阔的大局,譬如越南战争问题。

以一场小规模的战争,或几句谎言作为代价,避免一场可能伤及亿万人民的可悲事件发生，似乎不失为一个好的选择。

"孤注一掷的时刻需要孤注一掷的措施"这种说法对吗？

为了战胜"敌人"，我们必须尽我们所能，哪怕是为了大众的利益而欺骗他们。这种说法对吗？

从表面上看来，这种辩护是合乎逻辑的。我并不是要厚此薄彼。我想强调的是：散布虚假信息的行为不仅存在，而且十分盛行。

任何行为，甚至谋杀，都可以被正义化，只要将其置于特定的背景中。如果你被置于虚假的背景中，你也可能会被诱骗去做任何事情。

这种强大的影响力所具有的诱惑力量使许多公司趋之若鹜，纷纷积极投入到"散布虚假信息"的活动中。

你甚至可以雇人到网络上散播对你的"赞美性谎言"，以及对你的竞争对手的"诽谤性谎言"。如果全世界都相信你的竞争对手的产品会导致癌症，其销售必然会受到影响。

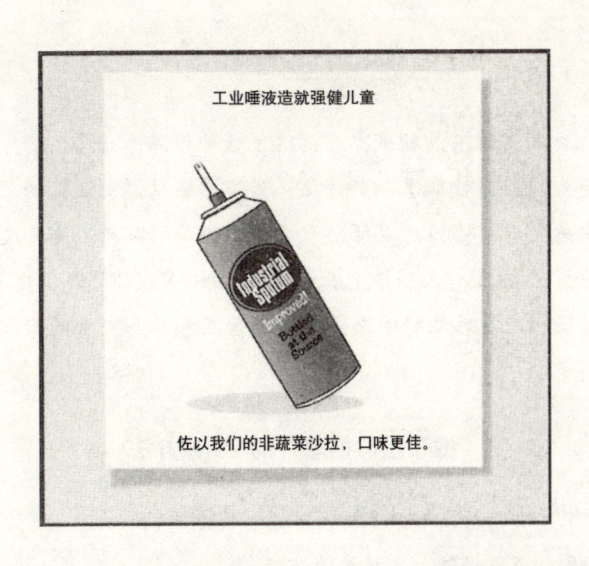

第二章　隐形墙
阻碍你成功的大脑软硬件因素

你可以想象一下在董事会上时常发生的自我辩护："嘿，他们的产品质量很低劣。我们加速他们的倒闭是在为大家做好事。"

当然，这被看做是缺乏职业道德、极为肮脏的计谋，但却很常见。

105

公司谎报消息的事实在网络上被炒得沸沸扬扬，其中一篇题为《25种隐瞒真相的方法：散布虚假信息大法》的文章在网络上广为传播，以帮助人们辨识公司的骗局。这篇文章的作者告诉我，这些原则在网络上已被下载200万次之多，并且还出现在政治科学书籍、期刊杂志和许多大学的心理学教程中。

### "散布虚假信息"的25种方法

1. 负面信息一概不听、不看、不讲；
2. 不再轻信，并且敢于愤慨；
3. 培养造谣者；
4. 利用假想敌；
5. 通过中伤或者嘲笑，转移对手的注意；
6. 游击战，打了就跑；
7. 质疑动机；
8. 援引权威；
9. 装傻；
10. 指控对手时把老账翻出来一起算；
11. 建立退守位置；
12. 如果不想别人深究某个问题，就把问题归结为一个谜团——谜团是没有最终答案的；
13. 使用爱丽丝梦游仙境的逻辑；
14. 向对手要求一种彻底的解决方式；
15. 让事实符合有利于自己的结论；
16. 消灭证据与证人；
17. 改变话题；
18. 使对方情绪化，产生对抗，激怒他；
19. 忽视事实，要求不可能弄到的证据；

20. 使用虚假证据；
21. 邀请庞大的陪审团和特派起诉人；
22. 制造一个新事实；
23. 制造更大的事件以分散注意力；
24. 平息批评言论；
25. 消失。

### 虚假信息专家的 8 大特征

1. 回避；
2. 双重标准；
3. 很多巧合；
4. 视勾结为团队合作；
5. 喜欢打反阴谋的旗号；
6. 与真情绝缘；
7. 不知原则为何物；
8. 时时有新发现。

来自 H. 迈克尔·斯威尼（H. Michael Sweeney）

因此，正如我们所看到的，许多人都在给你制造"隐形墙"——有时是出于好意，有时则不是：

有伪科学家，也有吹牛者；

有友好的政治力量，也有敌对的政治势力；

有精明的商人，有你的朋友；

哦，然后还有……

你。

简单学
*Simple* · ology

## 第13节

# 焦 点

**即**使我们对世界及我们自己有着健康的信念，也不足以完全扫除四周耸立的隐形墙。

世界上所有的事物都可以对你有利，但是如果你的焦点游离了这个事实，也会导致失败。

有一个有趣的现象：有些人超有钱，过着优裕的生活，但是一旦他们开始关注"世界上的苦难""所有的不公正"或者"生活的无意义"等自寻烦恼的问题，他们也会变得很不快乐。

哈姆雷特就是一例：

他是一位王子，生来富有，但"丹麦王国正在发生一些龌龊的事"。

严肃的戏剧可以分为两类：悲剧和情节剧。莎士比亚将他的戏剧划分成了悲剧、历史剧和喜剧，但近代的评论家将他的悲剧分成了这样两类——

情节剧：一种无论故事中的受难者如何努力，都无法逃脱命运安排的戏剧。

悲剧：由于主人公性格中的缺陷而导致不幸的戏剧。

有趣的是，大众经常错误地把《罗密欧与朱丽叶》称为悲剧，而大多数现代戏剧学者都将它视为情节剧，认为《哈姆雷特》才是悲剧。

一个没有戏剧专业知识的人可能会说："哈姆雷特的父亲被暗杀了，他叔父密谋了一宗叛变！因此，它应该是一部情节剧。"但是戏剧专业学者认为，并非这些事件导致了哈姆雷特的沉沦，而是他对这些事件的反应，这根源于他性格中的缺陷，也最终使这部戏剧成为一部悲剧。

地 球

哪个混蛋吃了我的薯片？

在整部剧中（这部作品如果你还没有读过 10 遍，那你就错失了艺术享受的最大快乐），哈姆雷特始终为死亡问题所困扰，甚至想过自杀，却不曾想过如何改变现状，挽救局面。这出剧很多问题是值得讨论的。哈姆雷特的"真正"动机仁者见仁，智者见智，而他的性格或许是你所见过最复杂的（一个非常有趣的练习是将《哈姆雷特》多读几遍，看看里面有多少折磨他的隐形墙）。

对于哈姆雷特的性格，另一个惯常的解读是他优柔寡断。或许正是由于他无力找到一种行动方案而越发消极。这也许就是为什么我们必须限制自己关注的焦点的原因之一。

还是以计算机来打比方，无限的信息同时涌入你的记忆会使你的 CPU 超载。

有一名俄罗斯记者所罗门·V. 谢里舍夫斯基（Solomon V. Shereshevskii）——在心理学文献中通常被称为"S"——据说拥有近乎完美（或者说"异常清晰"）的记忆力。据报道，他能够记得多年前发生的事情的最微小细节。

早年，他就曾说过这种现象导致他"分神"。一次普通的经历会招致不相干的事情纷至沓来，这使他崩溃。这种情况伴随着他的一生，并且越来越糟糕，最后他进了精神病院。在他的头脑中，他无法将几分钟前刚发生的谈话与多年前发生的区分开来。

或许我们大脑硬件上的局限也是一种幸运。而我们对自己大脑的运行作用机制知道多少呢？不是很多，但我们已掌握了一些线索。

从"神奇的数字 7"我们可以了解到，我们的意识在同一时间所能处理的东西的数量都有一个上限。我们也知道主观选择的注意焦点会对我们的客观所见产生影响。如果你刚买了一辆车，你会"注意"到比起以往来，周围突然冒出了很多与你同样的车。那些信仰形而上学吸引力法则（the law of attraction）的人会对你说，是你"吸引"车子进入你的生活，因为你聚焦在车上了。〔这是个很有趣的理论——通常能得到前面所讲的伪科学信奉者的支持。我对这则信条本身没有异议，只要它不被当做教条或科学来看待。我的一个非常要好的朋友，乔·瓦伊塔尔博士（Joe Vitale，素有"焰火先生"之称，是当今世界最顶尖的 5 名营销专家之一、电影《秘密》的联合制片人，著有《引爆吸引力》，目前该书已在大陆出版。——译者注），是"吸引力法则"的坚决拥护者，但是所有认识他的人都确信他绝不会把这个法则——或者任何其他理论——教条化。事实上，他是我所认识的人当中最为灵活也最为开放的人之一。〕

另一种更经得起科学检验的解释是，你的"网状激活系统"（Reticular Activating System）对进入大脑的信息进行了过滤筛选。所以，我们"选择"了进入大脑的信息，而且在一定程度上，这种选择现象是可以控制的。如何控制呢？通过有意识的聚焦。

我们可以操控这个现象，以取得多种多样或积极或消极的效果。

杰寇·特雷坦伯格（Jakow Trachtenberg）是一位数学家，听了他的故事，你可能会认为他"不幸"。他在1917年革命后逃离了俄国，因为他看到政府正变得越来越极端。

他前往德国，成了一个抨击希特勒的评论家，也是一位和平主义者。最后他成了焦点人物，于是他又逃往维也纳。1938年奥地利与德国合并后，特雷坦伯格被捕，被送进了一个集中营。

为了不去想牢狱的惨况，他将注意力转向内心，开始在头脑里思考数学问题。这种做法极其有效地将他的注意力从周围的环境中解放出来，因此在被监禁7年后离开集中营时，他几乎没有留下什么心理上的伤痕。

那段时期，他纯粹在头脑里创立了一套完整的"速算"体系，也就是现今广为人知的特雷坦伯格体系（Trachtenberg System）。这是一套令人惊叹的算法。它使普通人也能够在头脑中计算复杂的乘法运算，而无需任何纸张和笔。这也是注意力潜能的有力证明。

我们可以很肯定地讲，相同境遇下的人如果只注意无望的处境，经历就会完全不同——也会留下完全不同的记忆。

但是，有时候我们的注意力也会不自觉地分散。要了解这种情况，就让我们来讨论一下催眠术吧。

第二章　隐形墙
阻碍你成功的大脑软硬件因素

## 第14节

# 催眠术

**关**于催眠性迷睡，我们知道得非常少。

许多人会将催眠术斥为伪科学，但是根据记录，临床心理学家们〔最著名的是米尔顿·艾瑞克森（Milton Erickson）〕使用催眠术疗法的治疗效果都不错，有些更成为传奇。

人们对催眠术的抨击，很大程度上是由于一些外行的庸医在世界各地挂起小招牌，吹捧他们的方法是"神奇疗法"。

催眠术的其中一个理论称这种状态可以通过对注意力进行操控而实现。

米尔顿·艾瑞克森以他的"握手诱导"疗法而闻名。在运用这种技术时，他会略微调整握手的姿势，同时稍做拖延。这个突然的举动在理论上可以"干扰"接受方的思维流，并且有充足的时间"进入"对方的大脑。那一刻，催眠的话语趁机进入，让对方进入迷睡的状态。

这就是人们通常所说的"模式干扰"，常在各种治疗情境中被用来干扰病人的意识，引起积极的变化。

从某种意义上说，催眠也就是干扰、操纵或者切断被催眠者连续的思考和意识过程。

尽管埃里克森的"握手诱导"法听起来有些奇特,但是很多人都说它非常灵验。

### 异教徒与科学保守主义

米尔顿·艾瑞克森强烈反对催眠术在具备行医执照单位以外的地方使用(他认为催眠术必须由注册心理医生实施,而非仅仅学习了6周的培训生),而现在我们也很容易理解他反对的原因。他担心这种方法被滥用,但是这种情况已经出现了。这些担心也正是科学上出现极端保守主义的诱因。

许多人如同艾萨克·阿斯莫夫(Isaac Asimov,生于1920年,美国著名科幻作家。——译者注)和卡尔·萨根(Carl Sagan,生于1934年,美国天文学家、科普作家。他是研究外太空生命学的先驱,也是搜寻地外智慧生物项目的创始人之一。其作品《伊甸园的飞龙》曾获美国普利策奖。——译者注)一样,本可以成为非常富有想象力的人,却发展为极端的怀疑主义者。他们两人都是"超自然现象科学调查审核委员会"(The Committee for the Scientific Inquiry of Claims of the Paranormal,简称CSICOP)的成员。

一些人认为,CSICOP的成员教条化地预先否认任何非主流科学的东西,这样会使他们渐渐地封闭起来,不能接触到诸如鲁珀特·谢里德瑞克(Rupert Sheldrake)等人的作品。我个人感觉谢里德瑞克博士的作品受到了不公正的评价。他可不是什么"边缘疯子"。

谢里德瑞克博士与CSICOP成员之间的精彩对话可在以下网址看到。

质疑谢里德瑞克博士的一个实验:
http://www.csicop.rog/si/2000-09/staring.html

谢里德瑞克博士的回复：

http://www.csicop.org/si/2001-03/stare.html

CSICOP 的回复：

http://www.csicop.org/si/2001-03/stare-reply.html

结果是什么？最后的胜利被 CSICOP 拿走了。下面是谢里德瑞克博士的官网 http://www.sheldrake.org，你可以在线参加网上实验，自己去一探究竟。

谢里德瑞克博士指出，CSICOP 也可以做他那样的实验，只是要接受众人审视的目光。因此，我不会将他看做无理的狂想者。

其实我是谢里德瑞克博士的崇拜者，我想这并不需要道歉。他以令人惊叹的勇气提出了这些疑问，并顶着同行的批评坚持自己的观点。

正是这种思考的力量与勇气推动了科学向前发展。说到这里，我又想起了路易·巴斯德这个名字。

我也是阿斯莫夫和萨根博士的崇拜者；很遗憾他们早已离世。相比他们在世时，CSICOP 组织已经发生了一些变化。

阿斯莫夫认为，极端的怀疑主义有一定的价值。他认为我们的知识体系正在受到伪科学及骗术的"攻击"——说得一点没错！

当我们用以传播信息的媒体变得越来越普及与快捷后，这种攻击发展到更加激烈的程度。

阿斯莫夫认为，往往是"异端"推动了科学大步向前飞跃。但是，他同时非常正确地指出，相对那些吹嘘的胡言乱语，这种科学上的"异端"是很稀少而宝贵的。

CSICOP 组织认为自己是严肃科学的正统维护者。

从某种意义上讲，这是一个有用的概念。但是，每当我们不经任何验证（仅仅依据我们既定的世界观做出判断），凭空排斥他物为伪科学时，我们已经离开了科学的领地，进入了信仰的王国。

谢里德瑞克与著名的怀疑主义者"令人惊异的兰迪"（The Amazing Randi）之间的交锋在 http://www.sheldrake.org/D&C/controversies/randi.html 有精彩地展示。

而阿斯莫夫的关于"内在异端主义"与"外在异端主义"的著名论文则是对谢里德瑞克的有力回应。

催眠术很罕见吗？不是的。

据称，看电视的过程也是一种催眠。不管是政治家的演说，还是天花乱坠的商业推销，精神不济的观众在催眠中极容易被说服。

一些人非常擅长演讲，聆听他们说话也会产生催眠效果。

我们自己也会时不时使自己陷入催眠的状态。我最喜欢举的例子是"我已经知道了"式的催眠。你可以观察一下自己：每当有人向你提出好的建议时，你可能会说，"我已经知道了"，于是没能听进去他的建议。

事实上，我们醒着的每一刻都可能处于这样或那样的催眠状态中。也就是说，为了维护我们既定的世界观，并保持它对我们的导航作用，我们不得不停留于某种近似催眠的状态。

想想看，此刻你处于一种怎样的催眠状态之中呢？

或许，造成这种情况的一个原因就是你的大脑软件失控了！

第15节

# 失控的大脑软件

**另**一种"隐形墙"以精神"程序"的形式,不受控制地在大脑中运行。

如果你有电脑,你会注意到一个现象:如果你打开了许多windows 窗口,你的电脑就会运行得非常缓慢;关闭一些窗口通常就会使电脑恢复正常的速度。

你可以在自己身上观察到类似的现象,每当你压力太大或兴奋过度时,就好像许多程序在同时运行一样,你的 RAM 和 CPU 会跟不上趟儿。

问题在于有时我们察觉不到这类程序,也就不会自觉关掉一些程序,因为它们是在后台运行的。

如果你的电脑感染了病毒或被某种不受欢迎的广告插件侵袭时,电脑运行速度会减慢,你却有可能找不到原因。同样的情况也会出现在我们的大脑中。

你是否有过这样的感受:已往的问题在若隐若现地大脑中给你造成了负重感?(这也就是"关闭"一件往事总会令你感觉舒服的原因)。

或许你有无数的事情需要整理，而这就好比：

千头万绪，在意识深处捆扎为一圈绞索。

——贝克（Beck）

这种"在大脑中乱跑的软件"非常普遍，但是也可以用解决电脑程序运行拥堵的方法进行处理，识别出它们，然后将其关闭。

如果你用过《简单学》中免费的 WebCockpit 软件，就知道我们在那里提供了一些工具；它们连同其他资料会帮助你关闭"大脑中乱跑的软件"，为你的大脑腾出将更多的"处理能力"。非常简单，每天只需 15 分钟。

而它会帮助你更好地利用你的神经系统。

第二章　隐形墙
阻碍你成功的大脑软硬件因素

## 第16节

# 神经网络

我们可以观察到，当我们的世界观发生改变时，我们大脑中的"线路"也随之发生改变。

在我们对大脑所掌握的有限的知识里，可以确定的是，大脑是由数以亿计的神经细胞组成的，这些细胞之间的联系处于一种动态的变化当中。

当我们在头脑中建立新的联系或形成记忆时，神经细胞会相应地调整它们之间的联系。

这种"神经网络"被最先进的电脑系统所模仿，使电脑在运行方式上更接近人类的大脑。

为什么对神经网络的研究如此重要呢？

首先，这些神经联系并不总是绝对"理性"的。由于这些联系不受控制，也没有鲜明的秩序性，其结果也就无法预测。

例如，当你遭遇一件伤痛的事情时，如果有一股浓烈的气味飘散在你周围，你的大脑就会将这次伤痛与这种气味建立起联系。当你再次嗅到同样的气味时，它就会激发你回想起那次事情，甚至使你陷入沮丧。

这种气味激发记忆的现象，在心理学上被称为"Proustian 记忆"〔Proustian，出自马赛尔·普鲁斯特（Marcel Proust）的小说《追忆似水年华》(Remembrance of Things Past)。——译者注〕。心理学文献中大量记载了这种心理现象的实例。

尽管这是一种非常明显的现象，我们每个人几乎都曾经亲身体验过（我在哪儿闻到过这种气味呢？这种气味让我想起了……），但人们对这种现象的认识很可能只是冰山一角，其产生的影响比我们想象的要深远得多，微妙得多。

尽管我们在特定的时间只能聚焦于"神奇的7"所设定的范围，但事实上，我们的大脑往往吸收着更多的信息。

我们的记忆强度会因为注意力的集中而大大加强（这也就是为什么积极地投入能提高学习效率），因而我们对无意中吸收的信息很可能印象不深。

然而，这种信息毕竟储存在我们的头脑中，而且会不经意地以各种形式影响我们（很久之前的气味会再度引发消沉的情绪）。最可怕的是这些神经联系在我们的潜意识里是不断地发生着的，而我们不可能完全控制它们。

事实上，大脑中绝大多数联系的建立都是无意识的。

不仅气味会影响我们；每一次经历中，我们都同时吸纳了大量的"额外信息"，这些信息不断地"被连接"。此刻，这些联系也在你的大脑中发生着。

神经联系不单可以被气味激发，它们几乎可以被任何事情激发。

这种联系甚至可以以比感官与思想间的显意识联系更为微妙。

我们还得提起戴夫。

当戴夫还是个年轻小伙子时，他非常尊敬他的母亲，视她所说的话如同上帝的圣言。

戴夫的母亲是一位艺术家，同时也是一位企业家。她一生从未在办公室工作过。

一天早晨，他们一边看电视新闻，一边吃早餐。电视里正在播放当地沃尔玛的一名员工被选为"月度员工"，他因为主动开车送一位车胎爆了的70岁老妇回家而获此殊荣。

戴夫的母亲：哈哈！

戴夫：什么这么好笑？

戴夫的母亲：月度员工。

戴夫：有什么不好呢？

戴夫的母亲：儿子，全职工作是为傻瓜准备的。

自此之后，每当戴夫想起全职工作，他就会心生厌恶，进而变得憎恨他所从事过的每一份工作。

请注意，这里有多少你已经了解的影响力及语言因素在作祟呢？它们不仅会在当时影响我们的观点和行为，如果这种神经网络非常强大，它们还会影响我们的一生。

这是否让大家有些失望沮丧了？

人类还有希望吗？

呃，这个有待观望（在写作时，我们尚没有气愤得失去理智），但是历史已向我们抛出了一些救生索。

这是一些真正能救人一命的救生索。请接着往下读。

# 第三章

## 可支配的现实

### 一套全新的大脑操作系统

了解隐形墙是自我解放的第一步。

接下来同样是很重要的一步，我称之为"功利主义的模式机动性"（Utilitarian Model Flexibility，简称 UMF）。

首先，我们面临着一个问题。一旦意识到我们的任何想法或者观点都必然会有瑕疵，我们就会立即从这个模式中解放出来。

从自己的旧有模式中解脱出来，我们就自由了吗？不一定。

为了在这个世界上生存，我们必须接受一种模式的合理性——至少在一定时期内。如果不这样，我们就可能无法做出任何决定。

看看你身处的四周。请想一想，如果你不相信任何事物的真实性，那么在身处的环境中，你还会有安全感吗？

所以，我们应当做出哪种选择：

◆ 接受一个死板的错误模式，并接受它的控制；
◆ 什么都不接受，生活在瘫痪的状态中。

这好像一种双重束缚，事实也的确如此。

还记得解决的办法吗？解决这类双重束缚问题的关键是要记住：你总有另外的选择。我们并不在这两者之间选择，不选择其中任何一项。而在这些另外的选择中，能给我们最大自由和最大权力的就是我所说的"功利主义的模式机动性"。

它的原理是这样的：无论出于何种原因，在任何时候，你都会有特定的渴望、需要或欲望。

为了实现它们（也就是为某种目的——所谓的功利——服务），

我们试遍各种途径。有一些奏效了；有一些失败了。

以特定时期的特定目标为根本，我们可以灵活选择自己的模式，选择一个能够服务于我们当时特定利益的模式。

**功利主义的**（Utilitarian）——服务于某个目的或目标；

**模式**（Model）——你的世界观；

**机动性**（Flexibility）——随心所欲的变化。

所以，你只需以你的目的为核心调整自己的世界观即可。

你不会因为寻求完美模式未果而止步不前；

你也不会固守一种死板的模式，一种终将失败的模式；

你是灵活的。

你认为这是一种全新的生活方式吗？你的判断是正确的，这确实是全新的思维，而且，在一定程度上，你已经在实践这个方式了。

随手拿起身边的一个物体，然后松手放开它。

牛顿关于运动与引力的法则可以非常准确地预测这些现象。

你已经形成了一个认识物理世界的模式，而它在很大程度上是建立在牛顿的理论的基础之上的。你也希望这些理论能够准确地描述整个世界的运行。

经过一段时间的检验，你开始相信这个模式。然而，如果你试图描述"量子"微粒的运动，这个模式就不再适用了。如果你仍试图以同样的方式描述这些"量子"的运动，你的模式势必会变得支离破碎。

因此，你应当选择一种更新的模式，更准确地描述这些量子微粒的运动。

这就是量子物理学所要研究的内容，尽管"quantum"（量子）

这个单词常被误解为"大量",一个"量子"实际上只是一颗微粒。

一个形象的例子也许能最好地说明这点:

我在美国军队服役时,对领导艺术有了多种认识,其中的一些方式比其他的更有效(在我军旅生涯的每一个阶段,我都是一个优秀的士兵,同时也是一个令人觉得可怕的人物)。

我退役后(我通过了严格的筛选,差点成为美国联邦调查局的特工,但最终没有进去——这个说来话长),我把军队的领导方式带到了新的工作领域。

但我最终明白,我从前所掌握的领导艺术至少有一部分并不适用于新的环境。而问题在于,我需要一段时间才能放弃一种模式。由于我过去的经历,我对怎样做领导已经形成了比较"固定"或者说"古板"的态度。

尽管这种模式带来了一些问题,我仍然拒绝改变。

如果那时我知道"功利主义的模式机动性",就不会固守那个不奏效的模式了。

正是由于我们头脑中的现存模式缺乏灵活性,才给我们的生活带来了巨大的挫折与痛苦。这些模式并不总是我们自己有意识地形成的,所以我们很容易被人利用。

如果他人控制着你的行为模式,那么这些模式就不再服务于你的目的,而是服务于他们的。你的大脑中很可能存储着许多模式,但这些模式并不能为你提供任何积极的用途。

有时,放弃这些模式相当困难,尤其是当它们从根本上定义了我们的身份认同(包括宗教的、文化的、政治的身份)时。

你或许有这样一种想法:

改变思想就是一件不好的事情。

事实上，根据西奥迪尼具有影响力的一贯性原理（consistency model），我们很容易自我禁锢，丧失思维的灵活性。

我们很擅长编造一些"很有逻辑"的辩解，即使有充足的证据显示它们已不能再服务于我们，我们仍竭力维护自己那些已经僵化、不合时宜的思维模式！

"功利主义的模式机动性"是一个强大的工具，如果再辅以以上几个思维技巧，它的效用便会如虎添翼。这些技巧就好比操作系统的优化软件，能够使你的"机器"更高效地运行。

本节将教给你这些技巧，让你：

更准确地预测某个模式是否可行；

帮助你判别错误的模式，而无需亲自再去验证；

更准确地评估你创造的新模式；

帮助你发现新的模式——甚至构想出完全原创的新模式。

当然，你在本书上接触到的仅仅是一个开始：这滩水很深，你应当终身学习。

## 几点展望

如果你的电脑（或者大脑）的其他部件也可以升级，将会怎样呢？有这个可能吗？

随便去当地的一家电脑经销店，很容易就可以将电脑的各种部件升级，但是，能够为大脑升级的商店却不存在。

"简单学"正是基于这些想法而创造出来的体系，它就是一个为你的大脑升级的商店。

**1. 升级你的硬件。**非常遗憾，我们不能给你插入一个芯片，不能给你一个空间大、速度快的硬盘来提高大脑程序的运行速度，也不能为你提供随机存储器，但是我们确实掌握了一些关于大脑的知识，它们将会帮助你把大脑建设得更强大。

比如，我们知道锻炼大脑以及全面促进人的整体健康可以给大脑的硬件"升级"。我们提供各种软件及课程辅导，以帮助你实现这个目标（其中很多课程是免费的）。

你还可以了解更多植根于大脑 CPU 的内在缺点与不足，同时学会如何在这样的内在环境下更好地运行大脑的 CPU。

**2. 升级你的操作系统。**"功利主义的模式机动性"就好比你大脑的终极操作系统。它不仅包含一种操作系统，还拥有无限多的操作系统，可以根据具体需要随时切换。

在个人电脑领域，有一种"双重引导"技术，可以让用户在 Linux、Mac 和 Windows（三种最常用的个人电脑操作系统）之间切换。

"功利主义的模式机动性"是一款"无限引导"的机器——你甚至不需要"重新启动"，就可以随心所欲地自由切换系统。

**3. 升级你的应用程序。**你拥有了一套有用的世界观又怎样呢？是否意味着你可以悠闲地坐在咖啡馆，慢慢地品酌你的拿铁，超然地欣赏这个世界呢？

这样做，你不可能得到你所想要的，除非你想要的就是闲坐一隅，自我陶醉。长此以往，你终将被淘汰出局。

## 第17节

# 逻 辑

**我**们都自以为知道逻辑是什么，而逻辑学家们对其含义却意见不一。生活在古代希腊、印度和中国的哲学家们都试图回答这样一个问题：

　　如何评价口头话语的合理性？
　　或者说得更通俗点——
　　怎么知道某人所说的是不是蠢话呢？

别人讲的话，听上去似乎没错，然而我们总感觉哪里不对，却不知从何着手探究。

逻辑，旨在准确地判断人们的话语哪些是不成立的（也就是逻辑谬误），哪些是成立的。

从某种意义上说，逻辑就是一系列有用的原则，帮助你去认识一个语言模式是否——至少在表面上——成立。

但是，具体地说，它究竟是指什么呢？

尽管有众多不同的逻辑方法，但从本质上讲，任何论断都可以从以下两个方面进行评价——

**正确性**（Soundness）：一个论断的预设（即"陈述"）是否真实。

**合理性**（Validity）：一个论断的推理过程是否符合逻辑。

对合理性的定义似乎是一种同义反复的循环，事实上也的确如此。这种循环的意义，在后续的介绍中你很快就会弄明白的。

请记住，当逻辑学家说"论断"（Argument）时，并不是指两人之间的争论，而是指说话者用来当做事实陈述的一系列观点的总和。

依据你所选择的逻辑法则的不同，"合理性"也会随之变化。

为了帮助你理解，请看下面这个论断：

所有的约克郡猎犬都是狗。

Rusty 是一只约克郡猎犬。

所以，Rusty 是一只狗。

上面的每一句都是一个陈述，它们放在一起就构成了一个论断。

让我们来看一下这个论断的正确性。

"所有的约克郡小型猎犬都是狗。"

大多数人都认为这个陈述是正确的。至少到第一个陈述为止，这个论断是正确的。

"Rusty 是一只约克郡猎犬。"因为 Rusty 是一只假想的狗，就像戴夫的存在与否一样，我们无从知晓这个陈述是否真实。但是为了使整个论断成立，我们姑且认为它是真实的。

我们看到了一个正确的论断！

那么它的合理性又如何呢？

如果你接受亚里士多德学派的逻辑，这个论断的确符合亚里士多德的关于"三段论"法则。

这些法则大致可以概括为：

所有的 P 都是 Q。

X 是 P。

所以，X 是 Q。

下面这个论断与上面的论断看似非常相似，实则有天壤之别：

所有的约克郡猎犬都是狗。

Rusty 是一只狗。

所以，Rusty 是一只约克郡猎犬。

前两个陈述是真实的，所以这个论断是正确的。然而，得出的结论是错误的，或者说是无效的。

根据亚里士多德的模式，我们可以看到这个论断是对三段论基本法则的篡改。

我们认可前两个陈述，却并不一定能够得出 Rusty 是一只约克郡猎犬的结论。如果你对演绎逻辑有一定的了解，你会很容易识别出这句陈述的谬误之处。

相反，如果你不懂演绎逻辑，这个论断会使你慌张无措。没有充足的时间去评估事物，你只会感到困惑（你的世界观会渐渐被这些胡言乱语所左右）。

这种方法是如何帮助你选择更有用的模式的呢？这样说来，我们似乎握住了开启宇宙的钥匙。逻辑是不是一系列主宰"事物运行规律"的不可改变的规则呢？很遗憾，并非那样简单。

以下面的陈述为例：

这辆车是福特车。

这个陈述毫无疑问可以成立。

那如果我们这么说呢：

这辆车是福特车。同时，它也是日产三菱车。

"传统逻辑"的一条原则是"二价法则"(the law of bivalency)。也就是说，任何事物非此即彼。

的确，想象一下一辆车既是福特车，又是三菱车，这会令人发疯；它要么是此，要么是彼。有趣的地方正在于此：

如果这辆车是福特公司与三菱公司合作生产的呢？那么，刚刚那句陈述就是"正确"的。因此"二价法则"不再起作用了吗？

在历史的长河中，更复杂的逻辑模式日渐形成，用以描述特殊的关系，例如"多值逻辑"和"模糊逻辑"。

当福特公司和日产公司合作产车时，我们就需要一种更好的方式来描述这种情况。这辆车部分是福特，部分是三菱。而"二价原则"就不再适用了。我们由此知道，逻辑原则也是灵活的，这些新的逻辑体系在未来也可能会不断改进。

正如我们所看到的，对一个论断合理性的评判取决于你所使用的逻辑准则。

我们这里谈及的逻辑法则是用来描述话语论断的合理性的，其他逻辑则控制着别的关联。

比如，有的"逻辑"控制着各种数学模型以及计算机程序。

所有这些都只是不同类型的语言，我们通过一系列的法则组织这些语言。这些法则有时适用，有时却不适用。

而这些千变万化的语言只是我们所见所思的物体的象征性代表，而非这些对象本身。

若对此话题做更深入、更全面的探讨，需要续写一个章节；但我希望你已经受到启发，开始关注逻辑研究，并优化你的操作系统。

### "二价原则"是否失效

在我写这本书的过程中出现了一个小插曲，使我更加清楚地意识到"二价原则"的用处。

我走出办公室，呼吸一会儿新鲜空气，返回时，却发现我将钥匙锁在房间里了。当时已经是夜里10点，周围没有一个人。我绞尽脑汁，尝试了各种办法，但最终还是被困在外面。

这时，我要么有钥匙，要么没有，没有含糊的中间状态可以救我。当时的情况显然是我没有钥匙。

我打的回到家中，幸运的是我的未婚妻在家，我们有一把备用钥匙。我不得不将备用钥匙与其他钥匙进行比较，以确保准确无误。

备用钥匙或者正确，或者错误。没有任何一把钥匙"或多或少地"起作用。它要么能开门，要么不能。

所以，一种认识世界的模式在某些情况下更新颖、更精确或者更有用，并不意味着我们要将旧模式完全摒弃。

实用至上。

---

现在，当你已经牢固地掌握了合理性后，你如何去判断一个论断的正确性呢？

例如，如果有人说：

> 运动中的力将始终保持运动。

这个陈述是否正确，我们从何得知呢？

一般说来，我们如何去判断一个论断正确与否呢？

我们对宇宙到底了解多少呢？

几千年来,人们投身其中,致力于寻找这个问题的答案。他们将这种实践称为科学。

第 18 节

# 再论科学

逻辑用于论证一个论断的合理性,而科学则用来确定每一个陈述的正确性。

如果你觉得这听起来是一个非对即错的陈述,那么你是正确的。

我们知道,"二价原则"在很多情况下不恰当,而上述就是其中之一。

用另一种方式(或许是更有用的方式)可表述为:

逻辑为我们用以描述世界的众多符号提供组织框架,而科学是我们通过观察对世界获得更深层的认识的一种方法。

所谓的"更深层的认识"指的是什么呢?

科学无非就是发现更新、更有用的模式的一个系统规范的过程。

我认为一个"真正的科学家"应当具有灵活性,并且很自然地反对死板的东西。

但是科学家也是人,也会犯固守一种模式、抛弃其他模式的错误。有时,科学家在陈述一个观点或一种理论时,会将其说成是天衣无缝、不应受到质疑的真理。

如果这样做了，那他们就不再是科学家，而变成独断家、狂热分子、甚至江湖郎中。一个科学家，应当明白各种世界模型与世界本身之间的关系。

在如此短小的篇幅中要对科学研究的方法作系统介绍几乎不可能，下面是一些比较有用的概念，可以帮助你起步。正规的科学通常这样开始：

## 假　设

假设是一个暂定的"可能模式"，用来解释一个特定的现象或可观察的事件。

比如，我们会问，为什么有些男士会秃顶呢？

我们可以先拟定一个假设：可能是吃火腿汉堡的缘故。

嗨，很多看似不可思议的事情最终都被证明是千真万确的。

然后，我们如何判断这个假设成立与否呢？

首先，我们需要略微知道一些——

## 科学方法

这是一个按部就班的过程，用以检测一个假设的真理是否可以被认定为事实。这些步骤可以有多种不同的描述方式，大体上可概括为：

- ◆ 陈述一个问题或疑问（天空为什么是蓝色的？或者，如何才能提高我的阅读速度呢？）；
- ◆ 形成一个假设；
- ◆ 检验这个假设；
- ◆ 收集并分析数据（数据是你在检验的过程中收集到的）；
- ◆ 得出结论。

这些基本步骤有许多不同的表述方法，而且科学研究的方法也是多种多样的。每一种方法都有其独特的微妙之处，而上述概括已抓住了其核心所在。

你可以看到，这些步骤不仅可用以"创造模式"，同时也可用以解决实际的问题。

如果通过各种形式的检验都可以肯定我们的假设，我们最终将会形成一个——

## 理　论

一种理论是对一系列特定现象的一套更加具体化、更加详细并具可靠预测功能的解释。

例如，进化论是对物种如何发展为现状的一种可能解释。

由于存在争议性，而且我们永远不可能完全了解某些现象，因此一种理论或许永远也不会成为——

## 规　律

如果一种理论通过了检验，并经过长时期的实践被科学界认可，这种理论才可能上升为规律。

广为接受的科学规律通常以简练精确而闻名。事实上有人认为，物理学中的很多规律绝对肯定，且无可反驳。

纵观科学发展的历史，规律也要适时加以调整才能解释不断出现的新现象。

牛顿的运动定律依然适用，但要注明：它不能描述量子微粒的运动，以及高速运转的物体的运动。

所以，即使对于规律而言，灵活性也是非常必要的。

事实上，对于上面所讨论的任何内容，我们都需要一种内在的预设：事物可能"是"如此，也可能"不是"。

什么意思？

你一定糊涂了！那么，请继续阅读下一个人生导言。

# 第19节

# 精确英语

**你**应该记得我们在第二章中曾提及，语言有时会妨碍我们恰当地理解世界。

普通语义学，以阿尔弗雷德·科日布斯基为开创者，旨在分析语言与现实之间的关系。阿尔佛雷德·科日布斯基的《科学与精神健全》(*Science and Sanity*)是该领域具有开创性的著作。

科日布斯基感到，问题很大程度上在于我们对"是"(to be)这个动词不恰当的使用。这是什么意思呢？

> 科日布斯基发现有缺陷的精神模式可能会导致严重的行为紊乱；他同时强烈地感到这根源于语言的内在本质。
> 
> 在一次语义学的普通课堂上，科日布斯基博士跟学生玩了一个非常有意思的小把戏。
> 
> 他说他很饿，不能再等了，他要马上吃东西，于是他从讲桌里取出一盒饼干。

> 他吃了一块,并将饼干递给班里的学生品尝。
>
> 这位著名的教授吃下这些饼干,并与大家讨论饼干的美味,然后撕去了饼干盒的包装——原来是狗食饼干。
>
> 不可思议的事情发生了:一些学生当场呕吐。
>
> 这个实验说明了语言如何控制我们的思维模式,而思维模式又如何影响着我们每个人的现实反应。
>
> 学生对饼干的反应会因为商标的改变而立刻发生变化。

如果你用"是"来描述对象,你就得出一个绝对的判断。

约翰是一个法西斯分子。

这个陈述排除了其他任何可能。你或者同意他是法西斯分子,或者不同意。

还记得"二价原则"的局限性吗?

含有"是"的简单陈述只有在你绝对地对待它时,它才有意义。但是,绝对的说法似乎永远不足以描述这个世界。

这个理论的一个极端阐释(其实也不算很偏颇)是:当我们使用"是"这个词时,我们几乎总是在制造温和的双重束缚。

> 或许因为约翰表现出一些让人不可思议的行为,使其被某些人解读为"法西斯分子"。
>
> 或许他的一些意识形态恰好与某些"法西斯分子"相同。
>
> 但是情况也会是(且很可能是)与上述假设相反的成千上万种可能之一。
>
> 约翰是法西斯分子吗?

如果你对约翰不单只有细枝末节的了解,那么即使在随意的交谈中,认可这样的陈述也很可能造成一定程度的认知矛盾。

科日布斯基并没有倡导从英语中彻底根除"是"这个动词。他提倡的是,"是"这个动词有时可以用其他更准确的词语来替代,从而让我们的思考更加健康。

"精确英语"(English Prime)是戴维·布兰(David Bourland)博士在科日布斯基去世后提出的一个概念。他倡导一种改进版本的英语,也就是完全删除了动词"是"的英语,以创造出更加准确的语言表达模式。

一个多么有趣的概念!

一般人会说:精确英语是极不实用的。

同样的意思用精确英语却要这样表达:我所观察过的人似乎觉得精确英语很不实用。

如果我们总是那样讲话,一切都会变得很笨拙。

小肯尼思·凯耶斯(Kenneth Keyes Jr.)提出了将科日布斯基的理论应用于日常生活的更为实际的方法,也就是"思考6原则"(The 6 Tools for Thinking)。它们非常有用,而且能立刻让你的头脑思路更为清晰:

### 1. 据我所知

在你要说的话之前加上这个短语,会使你认识到你所有的知识都是不完全的。如果你说,"比尔·克林顿是变态的撒谎者",而你的陈述仅仅建立在有限的信息之上,那就过于武断了。

"据我所知,比尔·克林顿是一个变态的撒谎者",这或许仍然是不理性的推论,其依据只是电视上所看到的克林顿,我们看到的就是如此(我们都看到他撒一次谎,但这并不表示撒谎是他的一贯风格)。至少,我们现在开始承认自己认知的局限性了。

### 2. 某一方面

我们已经知道,大多数事情并非简单的"非此即彼"。我们并不是生活在黑白分明的世界中。

"据我所知，比尔·克林顿是一个撒谎者，尤其是从某一个方面来看。"

这样就好多了。现在我们开始学会不将任何事情绝对化了。

### 3. 对我而言

承认了我们的知识有限，世事无绝对之后，我们还必须认清一个事实，那就是我们的思维模式使我们倾向于以某种态度来判断事物。

说"对我而言"便承认了这点。

"对我而言，比尔·克林顿是一个天才。"

### 4. 性质问题

有时，我们会对事物做出一刀切的判断，而忽视了事物的独特性。

"男人都是色狼。"

有些女性说过这样的话。我相信此话会约束说话人，使她们无视现实情况，并且排斥其他选择。

例如，一个相信此话的女性遇到了一个并不是色狼的梦中情人，但是因为她相信"男人都是色狼"，她有可能将这个男人也看成色狼，并相应地判断他的行为。

非色狼男人：我帮你开门好吗？

相信"男人是色狼"的女人：为什么？这样你就可以和我睡觉，然后去跟你的朋友们吹嘘吗？

或许男人A是色狼，但男人A并不是男人B。

"所以男人A是色狼，并不意味着所有男人都是色狼。"

有进步！

但是仍然有很多改进的空间。

## 5. 时间问题

由于世间的事物瞬息万变，所以判断一个陈述时，考虑它何时正确是非常重要的。

例如，男人 A 在 2005 年时或许是有点猥琐，但是经历了一些让他洗心革面的事情后，2006 年时，他已经变得相当稳重且有风度了。

所以，"在 2005 年时，男人 A 是色狼"就是比较准确的陈述，但仍然不全面。

## 6. 地点问题

"OK，2005 年时，男人 A 是一个彻头彻尾的大色狼；这点我们都同意。"

不要急于做出这个判断。

他可能只有在位于日落林荫大道的米亚吉家时，才表现得像色狼。

> 旁注：或许我应当说，"新闻评论员们、政治家们，以及自以为是的作家们"，随意翻看一下本书，你会发现书中成千上万的语言措辞都没有达到凯耶斯的标准。而本书中语言的选择或许也反映了我的个人偏好。很好！这种想法将促使你停止对权威的全盘信任，包括像我这样的作者。

更准确的描述是：

"2005 年时，每次我看到男人 A 在米亚吉家时，他都像大色狼。"
适时地运用这些原则，可以使你摆脱"是"(isness) 的束缚，并且不会像完全不用"是"的"精确英语"那样笨拙。

现在，如果我们能将此原则教给新闻评论员和政治家，该多好啊！

即使你已经掌握了你的母语，在你的一生中依然会遇到一些问题，而这些问题绝不仅仅是由语言或者你的思维模式所造成的。

可能的情况是，你开车进入一个前不着村后不着店的地方，而此时你的车已经耗尽了汽油。

你可能会恐慌，摩挲着你的念珠，希望有人从天而降来解救你，或者……

第20节

# 波利亚方法

人们是怎样解决真实世界中的问题的呢？

方式有无数种，而且这些途径具有不同程度的实用性。

也许斯坦福大学的数学家 G·波利亚（G. Polya）给出的回答算是目前最好的。

那是非常精妙实用的方法，他的经典著作《怎样解题》(*How to Solve It*)——一本强烈推荐的书——有详细介绍。

这个方法可以广泛应用于数学以及其他的问题。

做一个练习，想象一下车在前不着村后不着店的地方没了油，看看你是否可以运用下面这些步骤来解决它。

---

**波利亚的四步问题解决法**

**1. 了解问题**

首先，你必须了解出现了什么样的问题。

未知数是哪个？数据有哪些？问题的条件是什么？

条件能否满足？已知条件能否用来确定未知数？条件是不足、过剩还是相互矛盾？

画一张图，引用恰当的符号。

将各种条件进行分类。你能把它们都写下来吗？

## 2. 制订计划

其次，找到数据与未知情况之间的关系。如果不能轻易建立起两者的联系，你就得考虑要利用哪些辅助条件。最终，你将得出一个解决方案。

你曾经遇到过同样的问题吗？是否遇到过形式略有不同但性质相同的问题呢？

你知道相关的问题吗？哪条定理可能会有用？

考察一下问题中的未知数！尽力寻找一个你所熟悉的有相似的未知数的问题。

有一个与你的问题相关的问题已经解决了。你可以利用它的结果吗？你可以利用它的方法吗？你是否应该稍加改进使它派上用场呢？

你能复述一下那个问题吗？再回到定义，你的复述是否有所不同？

如果你无法解决原先的问题，试着先解决一些相关问题。你能想到一个比较容易切入的相关问题吗？或者一个比较普通的问题？一个特殊的问题？一个类似的问题？你能否解决部分问题？只保留一部分情况，舍弃其他部分；未知情况中还有多少决定因素，它们发生了什么变化？你能从数据当中得出一些有用的东西吗？你能想到比较适于确定未知数或其他数据的方法吗？你能否改变未知数或数据，能否让新的未知数与新数据更为接近？

你是否参考了所有数据？你是否充分利用了所有条件？你是否将所有与该问题相关的因素都考虑了进去？

### 3. 执行计划

第 3 步，执行你的计划。

执行你的解决方案，检查每一步。你能否清楚地看到每一步都是正确的？你能证明它是正确的吗？

### 4. 回　顾

第 4 步，仔细检查你得到的结论。

你能核查结果吗？你能核查论据吗？

你能以不同的方式得出结论吗？你能一眼就看出来结果是什么吗？

你能利用此结果或此方法解决其他问题吗？

来自：G·波利亚的《怎样解题》<br>普林斯顿大学出版社，第二版

波利亚的方法是一个极为有效的工具。你或许已经注意到了，它与我们已经谈过的科学方法有些相似。

**注意**：对第 1 步的一个有用的补充是，你应该问问自己，"这真的是一个问题吗？"有时，答案是否定的，但是隐形墙会使我们相信它是一个问题。

也许现在，你的生活中出现了一些问题。不管它们是什么（从"我没有女朋友"到"我晚上失眠"），尝试一下这种方法，其结果一定会令你大吃一惊。

现在，让我们将所有这些综合到一起，总结为 UMF 原则。

第 21 节

# UMF 原则

现在，你做好将这套新的操作系统付诸实践的准备了吗？

这里有一些非正规的原则，可以将"功利主义的模式机动性"（以下简称为 UMF 原则）应用于你的实际生活。

## 原则 1：思想不是事物本身——思想是模式

思想是你的头脑里可以装着的内容——它常常是对象（真实的或者想象的）的象征性代表——却永远不是对象本身。

信仰、观点、演讲都是各种表现形式，它们是不完全的，也是流动着的。如果将思想分为两类，或许会更有帮助。

### 现实世界的反映

还记得吗？我们所观察到的事物并非现实本身。事实上，我们所看到的是现实世界重组后的反映，而这些反映往往是不完全的、有瑕疵的。

但是，我们有时也对观察到的对象形成不同的模式，而不仅仅只限于大脑对事物的图片式的反映。

例如，你看到某个对象，然后想把你看到的口头传达给他人。

这些词语就形成了关于你所见物体的视觉模式的话语模式。

**注意：为了描述同一个事物，我们从一个模式切换为另一个模式。** 你可以想象，每次从一个模式转换到另一模式，我们离观察对象的距离也越来越远，所传达的信息可能会变得越来越不准确。

请尝试下面的实验：

欣赏一幅内容丰富的风景画。

试着向你的朋友描述你所看到的风景，让他们画出你所描述的内容。

然后，拿他们的画与原画进行比较。

问问他们，他们所画的与听到你的描述而在头脑中形成的画面是否一致。

你看到一幅风景画，然后在大脑中形成了关于这幅画的一个视觉印象。

然后，你创造了自己关于这幅画的话语模式，并将其传达给你的朋友。

你的朋友根据你所说的，在自己的大脑中又形成了另一个视觉模式。

最后，他们将这个模式在图纸上描绘了出来。

**注意：我们讨论的是同一个事物，但每一个模式却很可能有着巨大的差异。**

刚才的一幕其实是我们日常生活中经常遇到的交流。

我们有认知差异是很正常的。就算我们与他人保持着概念的一致性，我们也常常在交流中遭到失败。

而在想象的世界里，情况就更复杂了。

## 想象的反映

包括：信仰、观念、理论、构想。

以"民主"这观念为例子：

你无法感受它，触摸它，或者体会它。它的存在仅仅表现为一系列的观点，以及对其含义在某种程度上的一致看法。

请尝试下面的做法：

让你某个朋友（上面实验中的同一人）写下民主的定义。

你也独自写下你关于民主的定义。

然后比较两者。

结果如何呢？由于你和你朋友的经历和观念可能相同，也可能不同，你们的定义可能极为相似，也可能大相径庭。

知道这点以后，我们如果再看到有人在电视上激昂地演讲，会感到很可笑……

他们号称这个或那个观念是真理，这个或那个群体不道德或者不可信。

看着电视，我们或者点头赞成，或者摇头——而在此过程中，我们同意与否定的可能是同一件事。

**注意**：对那些怀有"思想是事物"想法的人（他们常常是一些成功励志书的作者或形而上学家，他们将其视为毋庸置疑的教条化的"真理"。天啊！据他们宣称，这种观点基于量子物理学的真理，是有上万年高龄的先知的圣谕。这些人比我们任何人都聪明，因此，服从吧），我要挑战他们，我要验证这种模式的实用性。同时，大家看看能否将该思想模式与下面的原则调和起来。

## 原则2：我们有能力选择我们的模式

这是灵活性的核心。

你不必相信X——选择权完全在你手上。

不管是谁在试图说服你，也不管他们有多么的肯定，这些都是无关紧要的。

这是你的生活，你可以选择。

我不在乎谁在向你推销某种模式——你的父母、你的老师、你的牧师，或者你信任的政治家。

我只知道他们与你一样容易犯错。

**注意**：这并不是说他们所说的每句话都是错误的，或者是没用的。他们有时对有时错。这也不意味着他们不为你的利益着想。

你不仅有能力选择相信什么或建构什么认知模式，你也可以在这些模式中自由出入，唯一的依据就是哪种模式更适合你自己。

你还拥有其他有用的选择控制权。

你不必总是盯着不愉快的 X；你可以关注令你愉快的 Y。

你也不必让那些想要影响你的人获得控制权。

事实上，你对自己的感觉也有很强的控制能力。

你可以通过各种实践，马上改变你的感觉：

　　做出能够促进健康的决定；

　　选择不去担忧；

　　行动起来，参与一些能够让身心快乐的活动（试着上蹦下跳，想象你正由衷地感到快乐——感觉怎样？——或许会大吃一惊）；

　　选择不让任何事情干扰你，让你不快。

## 原则 3：这些模式是你选择的工具

由于你的模式将会影响你的行为，因此，请尽可能地选择能为你的利益服务的模式。

相信自己非常有吸引力。这个信念可以为你注入自信。

记住，其他人对你的模式会有一定程度的控制，他们会利用你的模式，以达到他们的目的。

## 原则 4：效用是衡量工具的价值的标准

一个模式有多大的用处？这个取决于你的目的。

如同科学假想，你可以尝试不同的模式，看看它们是否适合你。

把握效用的关键在于要理解：采纳一个模式只是暂时的，并非一成不变的。

随着时间的推移，一个曾经服务于你的模式或许不能够再为你服务，或者你找到了更好的模式。

## 模 仿

在这个流行成功励志手册的世界里，有榜样模仿这么一种概念——也就是刻意效仿他人的行为方式。

它有它的用处，但同时也是很危险的。与从科学角度探讨某人的抽象模式不同，这些手册讨论的是如何模仿他人的行为，得到与别人相同的结果。

这些手册向我们保证：研究一个职业足球运动员的行为，模仿他的一举一动，甚至模仿他的思想，可以产生神奇的效果。通过缩短学习曲线，完全跳过分析某种做法为什么有效的过程。模仿的确可以是一个非常有用的工具。

但是，你有可能撞对了，也有可能归于失败。而你永远不会知道，别人成功的秘诀到底是什么，所以你无法确定究竟该模仿什么。

你所模仿的人或许可以为你画幅图，描述他们心中的所想，但很显然，这个描述不会十分精确，同时它不一定能反映出重要的内容。

不管我们喜不喜欢，模仿每天都在我们的生活中上演。

我们常常观察自己所崇拜的人，并在无意识中开始模仿他们的行为方式（记得我们对权威的服从吗？）。

这样很好，但有时也会带来不良后果。

一个孩子崇拜一位体育明星，然后开始"模仿"他吸毒的行为和玩世不恭的态度（所以任何名人或权威都应该知道，"你的确肩负着一份社会责任"，上述事例就是原因所在）。

因此，经常通过模仿来指导自己的行为，永远都不会知道什么样的思想或行为能够带来你所渴望的结果（这当然不是说你应当完全摒弃这种做法，只是你需要同时学会灵活）。

## 原则 5：功用性不等于真理

戴夫相信自己很英俊。而真实的情况是，他是一个丑男。但是相信自己英俊帮了戴夫很大的忙，使他面对女性时充满了自信。

等等，谁说戴夫"丑陋"呢？

根据 2005 年戴夫的一位好友所作的调查，97% 的人看到戴夫时都会有一种"丑男"的印象。戴夫是否真的丑陋呢？

我们在第 2 节已经读到，信息有可能会被歪曲、操纵，并导致误解。那么信息能否接近"客观的真实"？

谁知道呢？"客观真实"的存在方式也许和你设想的完全不一样。

由于这种不确定性，你的大脑会出现一丝空隙，很有可能被他人利用。如果你拥有这样一个信念：你长得好看。即使全世界大多数人都不这样认为，这个信念依然有用，因为它给了你自信。

这个信念也是一个需要验证的假设，不过区别是巨大的：在这种情况下，我们并不是要去验证这种信念正确与否，而是要验证它能否服务于我们的目的。

我并不是鼓吹为了满足自己的目的，就要相信谎言，也不是倡导要有意散播或相信不真实的信息。

根据我的经验，不真实的信息与自我欺骗都不利于社会及个人的健康，你甚至估计不到它们会产生怎样恶劣的后果。

根据你所观察到的可能正确的事物建立一个健康的模式，才是最佳的选择。

有意欺骗（不论是对自己还是对他人）往往会导致相反证据的出现。而相反的证据由于与你的模式不和谐，便会妨碍模式的正常运作。

有用的东西并不一定是真理，但是刻意欺骗必然会受到相反证据的猛烈冲击。

## 原则 6：没有一个模式是绝对的

在历史的长河中，我们可以看到人类对世界的认识模式在不断地变化，而且未来也将继续变化。

> **没有一个模式是绝对的**
>
> 如果没有一个模式是绝对的，那么 UMF 呢？它也一样。
>
> 很有可能我在这本书里所说的一切全都错了，而且是彻底错了。
>
> 毕竟在整本书中，我对一些问题表现出了非常明显的偏见，同时也举出一些纯粹基于假想的例子（在这些内容里，我甚至也没有遵循凯耶斯的全部规则——对此我很羞愧）。那么我到底知道些什么呢？

> 或许未来的某一天，我们会发现一套规则，可以清晰地、绝对地、无可争议地描述宇宙万物。如果真是那样，灵活性就将成为一种阻碍，不是吗？
>
> 然而，不管煽动家们怎么说，我们似乎尚未发现这样的规则。
>
> 嗨，如果那些被我称为煽动家的人当中有人是正确的呢？如果真是那样，又会如何呢？
>
> 如果你始终关注有效性，你永远不会错。也就是说，如果那些煽动家死板的宇宙法则是正确而可靠的，那么它们应该总是有用的。
>
> 并且，掌握这些信息的人应当鼓励人们质疑。大家提出的问题越多，就越能认识到它们的正确性。
>
> 不是吗？
>
> 所以，我们要不断地提问。如果他们不断地狡辩、生气，或者贬低你，那么这就是很好的信号，这说明他们对自己所说的内容也不确定。

## 原则7：没有哪两个人具有相同的思维模式

无论我们与他人多么相似，差别总是存在的；微小的不同也会极大地影响我们对世界的感悟。

可以假设一下：我们向他人讲述我们的思维模式，而对方也完全听得懂你的话。但他们对那个模式的阐释也必然会——至少是略微——偏离了你的模式。

## 原则 8：模式之间互不抵触

UMF 模式的可贵之处在于认可他人的模式不一定会否定你的模式。再者，你可以学习多种多样的、甚至看似矛盾的模式，并根据需要应用它们。

大多数人在学会一个新的模式后，就会认为该模式否定了过去的模式，于是将它彻底摒除。

我在这里郑重地劝告你停止那样做。

## 原则 9：不必全盘接受某个模式

当一个模式以完整的体系展现时，它会在我们的头脑中建立一种预设，即该模式必须以特定的形式被接受。

事实上，我们可以接受并使用某种理论中适用于我们的部分。

这也包括我们将在第四章阐述的理论体系……

简单学
*Simple* · ology

# 第四章

## 简单学

**在最短的时间内,以最小的付出获得你想要的**

读到这个题目的时候,你可能会想……

嗨,这难道不是助我心想事成的简单科学吗?我的脑子都转晕了,这本书的内容一点都不简单。

你是对的。我们所要做的是帮助你理解并解构旧有的、低效的复杂模式,并用一个全新的、简单的、精炼的、有效的模式取而代之。

尽管《简单学》的理论并不一定简单,但实践起来是简单的。这才是根本。

如果你已经开始使用免费的配套软件WebCockpit及《日常目标实践》中的练习,你就已经实践了这点。

这套理论是如何起作用的呢?

首先,让我们简要概述一下:

在我们头脑中的某个地方,总有一个梦想或者念头,是关于我们将成为什么人的设想。

我们本可以朝着目标径直前进,去获得我们想要得到的,但是我们没有这样做。在我们前进的道路上,某种东西令我们困惑。

年轻的时候,你或许对自己说过——

我想成为一名摇滚明星。

然而,有1 000个声音在对你说,拥有这样的梦想是多么愚蠢,然后将你的人生推到他们认为正确的道路之上。

在我们意识到之前,我们变成了自己不想做的那种人,曾经的梦想已经随风飘散。

这是怎么回事呢?

大多数时候,这个过程是在我们看不到或不明白的事物影响下发生的，而这些事物就是那些隐形墙。

第二章教你如何识别并拆除这些隐形墙。

也就是说，你学会了如何解构那些疯狂的世界模式（世界观）。

第三章教你如何建立能够控制的墙壁，以服务于你的目的。也就是说，你创造出了终极的大脑操作系统，使你可以随意地在不同系统之间转换，从而更好地服务于你自己。

考虑到我们的大脑硬件的局限，UMF原则为如何更好地利用大脑硬件提供了一个很好的基础。

另外，除了硬件与操作系统，一台电脑也需要编写程序。

否则，电脑将无法运转或完成任何工作。

你可以拥有世界上运行最快的超级电脑，并配以可灵活选择的操作系统，但是如果你仅仅打开开关，然后让它闲在那里，又有什么用处呢？

我们打开电脑是有目的的；而为了服务于这些目的，我们需要具体的程序。

在这些程序中，有些程序与其他的相比更加有效；有些尽管有效，但并不适用于当前的工作。

那么，你该如何判断呢？

哦，一个最主要的标准就是简约。

    目的简约

    方法简约

    操作简约

这就是《简单学》在实践中的全部秘诀。

在电脑编程技术上，将一个好的程序员与一个了不起的程序员区别开来的重要衡量标准就是："精简"（leanness）。也就是说，电脑程序员写程序时，他的编程语句有无限多种变化方式，都可以达到某个特定目的。

不好的程序写出来有如鲁比·高堡（Rube Goldberg, 1883—1970, 美国漫画作家，他画了许多本来很简单却用很复杂的方法做小事情的漫画，赢得了许多读者。——译者注）式的机器。比如一个人从厨房桌子上拿起晨报便发动了一个打鸡蛋的装置。拿起晨报时，这个人就拉了一下打开鸟笼的线，鸟被放出来，顺着鸟食走向一个平台。鸟从平台摔到一罐水上，把水溅到花上，花倒了，使手枪开火。猴子被枪声吓得把头撞在系着剃须刀的绳子上，剃须刀切入鸡蛋，打开了壳，使鸡蛋落入一个小圆碟内。（鲁比·高堡机器即指小题大做、化简为繁的机器。）

或许你曾经下载过某种软件，它使你的电脑运行速度缓慢，有时甚至不能正常工作。这通常是程序过度复杂的结果。

编程时，一个缺乏经验的程序员用 100 条语句完成的程序，专家只需要 1 条。

无论你将要着手完成什么任务，一个精简的程序都可以让你获得最高的效率，同时给硬件最小的压力。

考虑到硬件资源总是有限的，好的精简程序是必不可少的。

精简的程序通常被认为很"优美"，也就是说，在这种简单却又有惊人效果的语言代码中蕴藏着某种神奇的美丽。

事实上，多数有神奇效果的事物都是简单的。

生活的简单高效也同样具有某种雅致和美丽。

在日常生活中，为了获得想要的东西，我们所采用的方法往往过于复杂，其实完全没有必要。我们舍弃快捷的直路，迂回前行，目标却离我们越来越远。

在计算机科学中，一些编程语言比另一些更容易做到精简。这就是为什么在网络应用方面，PHP 逐渐取代了 Perl 成为最流行的编程语言。做同样一件事情，使用 PHP 只需几行代码，而使用 Perl 则需要很多行。

简单学的 5 条法则将构成你大脑中全新编程语言的基础，使你编写出的程序精简优美，帮助你得到你想要的。

简单学的力量不仅在于其语言的简单，还在于其目标的简单。

有时，我们想要的东西太多，就算把世界上最精简的代码搬来也帮不了我们。事实上，以我个人的经验判断，这就是那些原本富有创造性的、聪慧的人最终失败的主要原因之一。

他们本应该关注于——有限的、能够解决的事情。

他们却偏要关注——无限的、不现实的、无从解决的事情。

为了清楚地认识这对你的大脑会有何影响，你可以尝试在电脑上做下面这些事情：

打开 20 个浏览窗口；

打开一个文字处理工具；

打开一个分析表；

播放一部你最喜欢的电影。

现在，如果这些窗口都开启，你的电脑还依然可以运行，那么请你继续做下面所有的事情：

查看 20 种股票的报价；

在一个电子数据表格中编辑你最喜欢的几只股票的最新报价；

在 word 文件中，写一篇关于你最渴望实现的梦想的日记。

事实上，甚至不必去尝试，你就会发现，电脑不可能同时完成所有这些事情。你不得不在不同的窗口之间来回切换。

如果你不相信我所说的，可以尝试一下，但是我想你应该已经知道会发生什么。

还有一个情况值得注意，在不同的任务之间转换，这个行为本身也会消耗时间，重新聚焦于一件新的事物也需要我们花费一定的时间。

每当你在完成一项任务的中途被打断，你失去的不仅仅是被打断而耽搁的时间，还有重新恢复注意力的时间。

简化目的可以节约这些被浪费的时间。

改变同时做许多事情的习惯，一次只做一件事，将大脑的所有能量倾注于一物。

WebCockpit 软件不仅帮助你在头脑中写出精简的程序，同时也促使你运用它们达到简约的目的。

现在，让我们来学习这套编程语言的基础原则。

本节将是全书最易理解，也最简单的一部分。

## 诚恳自省

在阅读下面的章节时，请务必将 UMF 规则牢记于心。尽管下面的原则是按照定律的形式向大家介绍的，但它们绝不是不可辩驳的"宇宙定律"（它们并不是一个具有超凡智慧的远古圣哲传授给我的。和你在其他任何书中读到的一样，这些文字是一个家伙写出来的，有没有用全看你了）。

这些只是"简单学"编程语言的基本法则——而"简单学"只是一种模式，用处需由你自己去发现。依据定义，一种编程语言的语法是固定的。如果你用 Java 语言编程，你就必须遵守其规则，否则它是不会运行的。当然，你也可以随心所欲地截取"简单学"的部分内容满足自己的需要，因为它的体系并不是铁板一块。我的经验（同时也是成千上万习惯用该语言编排自己每天生活的人们的经验）显示，将所有这些原则综合为一个格式塔来使用效果是最好的。你也想收获相同的结果吗？那就诚恳地去尝试，去发现吧！

## 第22节

# 走直线

**直**线法则说:"两点之间直线最短"。

你应该听过这条法则,它是几何学的基本定律之一。

如果你想从芝加哥前往纽约,你会选择最简单、最直接的路线,而不会经由西伯利亚前往。

同样的道理,如果你想得到某个特定的结果,你不会添加一些额外的步骤。你必然会选择最简单、最直接的路线。

如果你不能立即深刻理解这条法则,你可以做做下面这个实验。

可能在刚开始时,这项实验会让你感到有些滑稽可笑,但是请与我一起忍受。稍后你就会明白了。

现在,让我们开始。请准备:

一杯水;

一个计时器,手表或者一个秒表。

你的目标:喝一小口水(这是一个简单的目标,然而却阐释了一个深刻的观点)。

将这杯水放在你面前的一张桌子上。

现在，取出你的计时器，看看下面两种做法，哪一种耗时最短并实现了既定目标。

## 方法 1：咒语法

开启计时器。

看着摆在你面前的那杯水，将注意力集聚在水上。

闭上眼睛，对水祈祷，说："我请求宇宙中无与伦比的上帝之力让这杯水自动流进我嘴里吧。"

静坐片刻，等待上帝或其他你信仰的神奇力量将水喂给你。

记录下结果。

现在，冲着那杯水吼叫，说："嗨，你这杯愚蠢的水！快滚进我胃里！"

等一会儿，看看它是否会听话去填充你的胃。

下面再换一种亲密的口吻对着这杯水说："嗨，你这性感的水，你，为什么还不到我的嘴里来，让我喝你呀？"

稍等片刻，你喝到水了吗？

下面，再换种说法，告诉水："我只花 1 万美元参加了一项教练活动，明年我就可以从中受益并成为亿万富翁了。"

看看你的财富故事是否足以打动那杯水，使它跃入你的口中。

最后，看着那杯水，尽量乐观一点。对它微笑，心中自信地想：如果我始终保持乐观，总有一天这杯水会乖乖跑到我口中。

好，现在按停你的秒表，记录下时间，同时也记录下实验的最后结果。

## 方法 2：直线法

开启计时器。

举起杯子，喝一口。

放下杯子。

按停你的秒表，记录下时间，以及最后的结果。

注意一下两种方法耗时有多大的不同。同时注意，当方法 1 结束时，你依然没有喝到水。

下面再举一个例子加深你对这条法则的印象。

> 与你的朋友到城市的某个街区走走；
>
> 你们两人的目标都是穿过马路到街区的对面；
>
> 让你的朋友绕整个街区走一圈再走到马路对面；
>
> 然后你直接走到街对面。

其实你不必试验也知道这毫无悬念的结果，但是实践一番会更有帮助。

这就是直线原理简单而又显而易见的有利之处。

人生中，你想得到的任何事物都服从于这条法则。找到最快捷、最直接的路线，理想的目标就会属于你。

这似乎非常明显，对吗？

但如同你所了解的，我们的实际行为往往与此背道而驰。我们被自己或他人的目标转移了注意力，从而偏离了直行的捷径。

## 第23节

# 明晰目标

为了击中目标,你得把它看清楚,这就是明晰目标法则。

一个射手要射击20个目标。让他闭上眼睛,任由弓箭穿梭飞行。会发生什么呢?哦,他们或许会撞上20个目标中的某一些,或许一个也没有击中。

问题出在哪里呢?只击中一个目标有什么不好呢?

问题就是生活不会总是谅解你。

如果这位射手参加一个比赛,看谁能射中16号靶的靶心,那么他击中获胜的可能性十分渺茫。

下面从另一个角度来看这个问题。

如果你想买一辆新车,但你又不确定买什么样的车,你最终可能买了一辆福特福克斯(Ford Focus),或是一辆兰博基尼(Lamborghini,与法拉利媲美的著名跑车品牌。——译者注)。

事实上,你更有可能买到福特,因为福特远远多于你想买的那种奢侈的跑车。

下面这个实验可以让你体会到明晰目标法则的重要性。**注意:不**

要在有尖锐物体的房间做这个实验。

让我们看看下面两个方法哪个更易使你达到目标。

## 方法 1：紧闭双眼

站在一个空间宽敞的房间中央，随便在哪面墙上挑选一个物体作为你的目标。

现在，闭上眼，在这宽敞的空间里旋转。转了至少 5 分钟以后，在你认为你的目标可能存在的方向停下来；依然紧闭双眼，朝目标走去。结果，你离你的目标有多远呢？

## 方法 2：明晰目标

现在，站在同一间宽敞的房间里，选定同一个目标。

这次请睁开眼睛原地旋转，然后停下，朝你的目标走去。

这次，你离你的目标又有多远呢？

很显然，方法 2 可以使你直接走向目标，相反地，方法 1 使你走向目标的可能性微乎其微。明晰目标的真正有效之处在于你旋转和行走之前所做的事情。

**注意：在做所有事情之前，你要选择一个目标！**

多数人在人生道路上目标不明确，似有似无，或者干脆没有。你认为他们能够得到什么呢？

为了得到你想得到的，你必须明确地认清自己确切想要的东西。

问题在于，我们多数人似乎根本没有明晰的目标（WebCockpit 软件和配套课程会为我们讲述为什么会这样）。

## 第24节

# 集中注意力

**集**中注意力法则讲的是：为了击中目标，你必须在目标上集中足够的注意力，直至实现目标为止。

如果一个医生在做心脏移植手术，你认为他可以一边做手术，一边观看电视里的足球比赛吗？你当然可以边吃爆米花边看比赛，但是我想一心二用地对付心脏手术恐怕很难成功。

在生活中，我们想得到的东西要求我们给予的注意比我们愿意付出的要多得多。让我们来体验一下该法则。

阅读下面一段话，请格外细心，试着数数我提到"简单学"这个词的次数。

There once was a time when the people of the village were sad. No matter what they tried, they were never able to get the things they really wanted. Then one day they learned the secrets of Simpleology and the sale of Prozac and Zoloft came to a standstill.

(曾经有一个时期,这个村庄的人很悲伤。无论他们如何努力,永远都得不到自己所想要的东西。直到有一天,他们得知了"简单学"的秘诀;于是 Prozac 与 Zoloft 的销售停滞了。)

现在,不能回顾,不能偷看,回答下面的问题:
在这段话中,我用了多少个以字母 T 开头的单词?

你会发现,对于我到底用了多少个以 T 为首字母的单词,你毫无概念。猜对的可能性实在小之又小。

你的注意力放在了其他方面。如果你将注意力放在正确的目标上,并且如果你进行过足够长时间的注意力练习,你就能轻而易举地得出正确的答案。

在我们的一生中,我们的注意力大多集中在我们渴望的目标以外的事物上,这也是我们失败的主要原因之一。

有时,我们把注意力放在我们其实并不想要的东西上;
有时,我们把注意力放在错误的目标上;
有时,我们将注意力集中在简单的娱乐上,比如看电视或者无聊的娱乐活动。

或许我们对自己想要的东西拥有明晰的认识,但是如果我们不能集中注意力,我们将永远无法击中目标。

仅仅集中注意力还不够。让我们接着看下面一条法则。

## 第25节

# 集中精力

  集中精力法则是指为了完成某件事情，你必须集中足够的精力，直到你做成为止。

  你知道一把刀子与一块钝石之间的不同吗？多数人会回答："刀子是锋利的，而石头不是。"这点千真万确，但是，是什么令刀子锋利呢？锋利的核心意义是什么呢？

  非常简单，某物锋利，是因为它具有"集中的力量"。

  刀子的尖端把你的臂力集中在一个小点上，这样就比将相同的力量分散在很钝的器具上更能容易地完成任务。

  刀子越锋利，越容易切割；精力越集中，也就越具有力量。

  让我们亲自实践一番。**注意**：如果你还是一个孩童，在尝试该练习之前，请找一位成年人帮忙。

  到厨房里找到以下工具：

    一把锋利的刀子；

    一把勺子；

一个纸箱（装谷物的箱子即可）。

举起纸箱，用勺子去戳。注意你需要倾注多少力量才可将其戳穿。如果你无法戳穿该纸箱，没关系，继续往下做。

现在，举起纸箱，然后尝试用刀子去戳。注意你戳穿它所花费的力气。

你刚才所体验的就是集中精力的做法。

勺子的表面是扩散开来的。当你用它去戳东西时，你的力量在不同的点上分散开来。

然而刀子的尖端集聚到一点，很小的力量也能产生巨大的效果。

这里蕴含的奥妙可以推广于做任何事情。同样的原理也适用于你的脑力、体力和精力。

在你的配套教程中，关于"精力"会有更多讲述。

## 第26节

# 行为与反应不可避免

行为与反应不可避免，指的是有两件事情你不得不做，也无法逃避：那就是行为和反应。

换句话说，你始终有所行为——即使你认为你没有。

决定要做什么？你在做决定的行为。

思考自己的生活多不理想？你在做着思考的行为。

盘腿坐着？是的，那也是一种行为。

必然的结果就是我们所采取的每一个行为，都对应着一个反应。

即使你盘腿坐着看电视，你的身体与大脑中也有各种反应现象上演。你的大脑随着你所观看的电视节目的变化而不断地运转。你今天吃的食物所产生的能量还储存在你的身体里，并没有消耗完。而地心引力作用于你的身体，把你吸向地面。

所有这些都是因你的行为而产生的反应。我们甚至可以用一本书来描述简单行为引起必然反应的复杂情形。

下面从另一个角度来看这个问题。

你是否知道，事实上根本没有所谓的拖延或懒惰的情况存在？这两个词用于某人时指的是一种无反应的状态，而这种状态是不存在的。"拖延"这个词制造了一种错误的认识。

为什么呢？它建立在一个有误的假设之上，即无反应是可能的。但你总是在发出"行为"。"拖延"和"懒惰"事实上只是低效率的行为，却被伪装成了不作为。

所以说，无论为了获得什么，你必须停止那些不能给你带来理想结果的行为，开始尝试那些能够使你如愿以偿的行为。

你的 WebCockpit 软件会教你如何做到这点。

那么，从现在开始，你该做些什么呢？

如果你可以有无限的选择，你会怎么做呢？

无限的选择……

天啊！

我不知道你怎么想，反正想到这点，我都会有芒刺在背的感觉。

无限的选择意味着无限的可能。

在那些无限的可能里，我打赌至少有一些会让你的心跳加速，就是那些你内心一直渴求却被隐形墙（现在已经显形）阻隔在外的东西。

你想要的是不是：

　　一个性感火辣而又对你崇拜备至的梦中情人？

　　一个沐浴在浓浓爱意中的和谐的家庭？

　　一个和平安宁的地方——在那里，你可以对世事变迁冷眼旁观，笑看风云变幻？

　　你敢想吗？


开始做吧！

现在就开始！

永不停止！

# 附录

## 给你的新大脑制订一个维护计划

从你放下本书的那一刻,现实生活中的各种事务立即纷至沓来,争先恐后地控制你的头脑。为了对付这点,并使更新、更有用的操作系统和程序语言持久地服务于你的头脑,我们提供了下面几个简单的步骤。

### 步骤 1:WebCockpit 软件

如果你还不知道它是什么东西,请登录 http://www.FreeWebCockpit.com 并立即开始使用 WebCockpit 软件。

你会立即接触到其他一些"简单学"的工具,包括《简单学 101》的配套教程。

你必须立即着手——就在现在——在你合上此书之前,这点很重要。如果你耽搁了,你就很可能会被其他的事情分神,从而永远地错失这个机会。

## 步骤2：建立你的联系网络

读完此书会产生一个看似不幸的结果：现在，你看待世界的方式不同了，而你身边的其他人没有接触过这些工具，他们以后和你的相处方式会令你受挫。

并非每个人都会接受这些观点，但是如果你周围的人能用相同的方式与你交流，你的生活一定会轻松很多。

不过或许在对你有影响的圈子里，有些人的想法与你类似，他们会给你意想不到的帮助。

下面的过程会使你同时利用上这两股力量。以下是具体做法，简单地遵循指示照做即可。

如果你购买了此书，请在下面填写你的姓名和电子邮箱地址：

### （联系）网络管理员

姓名 _____

电子邮箱地址 _____

然后，从你的生活中选择一位你认为可以受益于这些观点、同时也能够将下面的流转过程进行到底的人。

如果你是本书的接收者，填写下面的信息：

### #1 朋友

姓名 _____

电子邮箱 _____

地址 _____

#1朋友：阅读本书，然后给网络管理员发送电子邮件，让他们知道你打算将本书给予：

### #2 朋友

姓名 _____

电子邮箱地址 _____

#2 朋友：阅读本书，填写以上信息，然后给网络管理员发送电子邮件，让他们知道该书将继续传阅给：

#3 朋友

  姓名 _____

  电子邮箱地址 _____

#3 朋友：阅读本书，填写以上信息，然后给网络管理员发送电子邮件，让他们知道该书将继续传阅给：

#4 朋友

  姓名 _____

  电子邮箱地址 _____

#4 朋友：阅读本书，填写以上信息，然后给网络管理员发送电子邮件，让他们知道该书将继续传阅给：

#5 朋友

  姓名 _____

  电子邮箱地址 _____

#5 朋友：阅读本书，填写以上信息，然后给网络向导发送电子邮件，询问如何归还本书。

  网络管理员：你应当愿意支付流转所需的邮费。邮寄书籍费用很便宜，所以不必担心（或者吃惊），即便你不得不付钱将书寄往全球的不同角落。

  你现在拥有了一个强大的书友网络，大家都能够用这个灵活而又无限的方式去思考问题了。

| 史蒂芬·柯维 王利芬推荐 | 《高效能人士的七个习惯》作者 资深栏目制片人&主持人 | 倾情推荐 |

### 你渴望改变……
### 但你不知道如何改变？

当你发现房间一团糟，办公桌上文件堆积如山，每天工作超过 12 小时，已经一个月没和家人聚餐时，真是有苦说不出。当现有的规划已经无法打理你的工作和生活时，当你渴望改变却又找不到头绪时，你需要的是 SHED！

朱莉·摩根斯坦恩独创的 SHED 四步曲能帮你从疲惫、无序的生活中解脱出来，奔向自由精彩的人生。SHED 弥补了组织规划的不足，教你舍弃阻碍你前进的一切累赘，使你最终实现真正的改变。

但 SHED 绝不仅仅等于大扫除！SHED 更关注的是"舍"与"得"的内在联系，以获得真正持久的人生改变。

〔美〕朱莉·摩根斯坦恩  著
陈燕茹  译

重庆出版社
定 价：26.80 元

阅读本书，你将学会：

- S-Separate the Treasures（分离财富）：
  什么是你真正值得拥有的人生财富？
- H-Heave the Trash（舍弃杂物）：
  什么是让你沉重不堪的生活垃圾？
- E-Embrace your Identity（拥抱真我）：
  抛开身外之物，你究竟是谁？
- D-Drive yourself Forward（勇往直前）：
  人生终极目的地在何方？

无论你正在经历生活中的搬家、空巢、结婚、离婚，还是工作中的跳槽、升职、降薪等，本书都将给你提供实用的、革命性的行动指南，引领你积极地面对和掌控人生中的任何变化，成为拥有理想生活的效率达人！

## 风靡美国的 SHED 四步曲教你打造简约生活
### 微软、宜家、纽约市政府、NBA 迈阿密热火队的规划整理咨询师最新力作

## 彼得·德鲁克带领 6 位大师
## 与你探索打造卓越组织的 5 大力量

| 企管大师 | 吉姆·柯林斯 | 领导力大师 | 吉姆·库泽斯 |
| --- | --- | --- | --- |
| 营销大师 | 菲利普·科特勒 | 洛克菲勒基金会总裁 | 朱迪思·罗丁 |
| 市场大师 | V.卡斯特利·兰根 | 德鲁克基金会主席 | 弗朗西斯·赫塞尔本 |

### 基业长青从问对 5 个问题开始

管理学之父彼得·德鲁克在 15 年前就高瞻远瞩地提出企业和管理者必须正视的 5 个最重要的问题——

Q1：我们的使命是什么？
Q2：我们的顾客是谁？
Q3：我们的顾客重视什么？
Q4：我们追求的成果是什么？
Q5：我们的计划是什么？

优秀的领导者能提供答案
但伟大的领导者会问正确的问题！

重庆出版社
定　价：29.80 元

---

### 获得联合利华、百事可乐、苹果、三星、惠普、索尼、保时捷等顶尖名企广告合约的"陈述圣经"

用简单实用的陈述获得赞同和成功
以生动简洁的推介赢得订单和商机

你是否遇到过以下情形：

◆ 全情投入阐述观点，听众却不知所云；
◆ 设计出绝佳创意方案，客户却无动于衷；
◆ 竭力推销最新产品，顾户却毫不买账；
◆ 台上讲得天花乱坠，台下听众昏昏欲睡。

如确有其事，请把本书送给自己或他人，相信一定会出现意想不到的结果。

〔英〕乔恩·斯蒂尔 著
田丽霞 韩丹 译

重庆出版社
定　价：28.00 元

全球广告巨头奥美环球 CEO　　北美最大的独立媒体服务公司克拉美国 CEO
全球第二大消费用品制造商联合利华市场营销总监　　美国著名创意公司马丁广告总裁

| 联袂推荐 |

## 一名工薪族十年内成为亿万富翁的致富自白

《富爸爸,穷爸爸》作者罗伯特·清崎鼎力推荐备受欧美工薪族推崇的致富经典
理财盲也看得懂的理财书

约翰·洛克菲勒、比尔·盖茨、沃伦·巴菲特、唐纳德·特朗普……
为什么他们可以成为亿万富翁?
亿万富翁和一般人有什么区别?

斯科特·安德森用理论和实践证明:他们能成为亿万富翁是因为他们想的和你不一样!

想要像斯科特·安德森一样在十年之内从一个"穷忙族"变成一名亿万富翁?你只需"窃取"亿万富翁们的想法和思路就行——斯科特全面总结了以下七个"富翁思路"。

很棒的一本书!斯科特·安德森在书中的剖析可谓一针见血。如果你想成为有钱人或者想变得更加富有,请阅读这本难得一见的好书吧!

——罗伯特·清崎

〔美〕斯科特·安德森 著
刘祥亚 译

重庆出版社
定 价:26.80 元

---

## 揭秘美国 FBI 培训间谍的识谎技巧

如果无法阻止别人说谎
那就学会永远不上当

**破谎宝典 还你天下无谎的世界**

这是一个充满谎言的世界。你要做的就是在 5 分钟内识破一切谎言!

在这本破谎宝典中,著名心理学家大卫·李柏曼教给你简单、快速的破谎技巧,使你能从日常闲聊到深度访谈等各种情境中,轻松地发现真相。

书中援引了几乎所有情境下的破谎实例,教你如何通过肢体语言、语言陈述、情绪状态和心理征兆等微妙的线索,嗅出谎言的气息,避开欺骗的陷阱,还自己一个"天下无谎"的世界!

〔美〕大卫·李柏曼 著
项慧龄 译

重庆出版社
定 价:26.80 元

## 短信查询正版图书及中奖办法

A. 电话查询
   1. 揭开防伪标签获取密码，用手机或座机拨打4006608315；
   2. 听到语音提示后，输入标识物上的20位密码；
   3. 语言提示：您所购买的产品是中资海派商务管理(深圳)有限公司出品的正版图书。

B. 手机短信查询方法(移动收费0.2元/次，联通收费0.3元/次)
   1. 揭开防伪标签，露出标签下20位密码，输入标识物上的20位密码，确认发送；
   2. 发送至958879(8)08，得到版权信息。

C. 互联网查询方法
   1. 揭开防伪标签，露出标签下20位密码；
   2. 登录www.Nb315.com；
   3. 进入"查询服务""防伪标查询"；
   4. 输入20位密码，得到版权信息。

中奖者请将20位密码以及中奖人姓名、身份证号码、电话、收件人地址和邮编E-mail至my007@126.com，或传真至0755-25970309。

一等奖：168.00元人民币 (现金)；
二等奖：图书一册；
三等奖：本公司图书6折优惠邮购资格。

再次谢谢您惠顾本公司产品。本活动解释权归本公司所有。

## 读者服务信箱

**感谢的话**

谢谢您惠购本书！顺便提醒您如何使用ihappy书系：
◆ 全书先看一遍，对全书的内容留下概念。
◆ 再看第二遍，用寻宝的方式，选择您关心的章节仔细地阅读，将"法宝"谨记于心。
◆ 将书中的方法与您现有的工作、生活作比较，再融合您的经验，理出您最适用的方法。
◆ 新方法的导入使用要有决心，事前做好计划及准备。
◆ 经常查阅本书，并与您的生活、工作相结合，自然有机会成为一个"成功者"。

| 优惠订购 | 订阅人 |  | 部门 |  | 单位名称 |  |
|---|---|---|---|---|---|---|
| | 地 址 | | | | | |
| | 电 话 | | | | 传 真 | |
| | 电子邮箱 | | | 公司网址 | | 邮编 |
| | 订购书目 | | | | | |
| | 付款方式 | 邮局汇款 | 中资海派商务管理(深圳)有限公司<br>中国深圳银湖路中国脑库A栋四楼 | | | 邮编：518029 |
| | | 银行电汇或转账 | 户 名：中资海派商务管理(深圳)有限公司<br>开户行：招行深圳科苑支行<br>账 号：81 5781 4257 1000 1<br>交行太平洋卡户名：桂林　　卡号：6014 2836 3110 4770 8 | | | |
| | 附注 | 1. 请将订阅单连同汇款单影印件传真或邮寄，以凭办理。<br>2. 订阅单请用正楷填写清楚，以便以最快方式送达。<br>3. 咨询热线：0755-22274972　　传　真：0755-22274972<br>E-mail：szmiss@126.com | | | | |

→ 利用本订购单订购一律享受9折特价优惠。
→ 团购30本以上8.5折优惠。